50

Coisas para Ver com um Pequeno Telescópio

John A. Read

www.facebook.com/50ThingstoSeewithaSmallTelescope/

Os mapas estelares usados neste livro foram criados com Stellarium, http://stellarium.org/, um programa de observação astronómica de código aberto (*open source*).

Fotografia de capa por Sean McCauley. Por favor, visite o seu *site* abaixo para saber como poderá contactar Sean para quaisquer questões relativas a fotografia e vídeo. http://silhouetteproductions.com

As imagens dos seguintes telescópios foram fornecidas por cortesia de Celestron:
Celestron FirstScope (página 10), Celestron PowerSeeker 114Az (página 10) e Celestron NexStar 6se (página 11).

As imagens dos seguintes telescópicos foram reimpressas com a permissão de Orion Telescopes & Binoculars, www.telescope.com:
Orion SkyQuest 153 mm (página 10), Orion SkyQuest 203 mm (página 11).

A imagem do telescópio Meade Lightbridge Dobsonian foi fornecida por cortesia de Meade Instruments.

As imagens da visão telescópica de objetos do espaço profundo foram recriadas a partir de astrofotografias reais usadas com a permissão dos seguintes astrofotógrafos:

Mark Stanford Sr: Nebulosa Trífida
Stuart Forman: Enxame Duplo, M1, M13, M27, M51, M81 & M82, M81 (Supernova adicionada).
Mike Harms: Andrómeda, Cometa, M42

As imagens da NASA seguem as orientações da NASA para uso das suas fotografias, disponíveis aqui:
http://www.nasa.gov/audience/formedia/features/MP_Photo_Guidelines.html

Este livro é dedicado a Jennifer, que me ouve falar praticamente o tempo todo sobre o espaço exterior.

Agradecimentos

Gostaria de expressar a minha gratidão a Marni Berendsen, criadora da NASA Night Sky Network, pela sua contribuição fantástica na revisão deste livro e na verificação das informações nele contidas.

Também gostaria de agradecer à Sociedade Astronómica de Mount Diablo (MDAS) por estimularem continuamente o meu desejo de aprender mais sobre o universo. Este livro não existiria sem o apoio de todas as pessoas magníficas do MDAS.

Para encontrar o clube de astronomia mais próximo de si, por favor, visite:

https://nightsky.jpl.nasa.gov

Índice

Nota do Autor:

Quando olho através do meu telescópio, estou a explorar uma nova e fantástica fronteira.

Eu sei que a sua vontade provavelmente é saltar para o meio do livro, escolher alguma coisa interessante e depois tentar observar essa coisa através do seu telescópio. Por favor, tenha em mente que, em cada noite, apenas um terço dos itens neste livro estará visível. Antes de você colocar o telescópio em posição para as suas observações, descarregue um programa de observação astronómica, como o Stellarium (disponível gratuitamente em http://www.stellarium.org). Ao usar este programa, você terá de descobrir a época do ano na qual o objeto do seu interesse está visível. Saiba também que eu defini níveis de dificuldade para cada objeto (medidos em supernovas). Este livro está organizado, de modo geral, segundo uma ordem crescente de dificuldade.

Por fim, o primeiro de muitos avisos: não observe o Sol através de um telescópio sem um filtro solar comercial apropriado! Desfrute do livro!

Introdução

Este livro é dirigido a quem tenha pequenos telescópios. Para os fins deste livro, considera-se como pequeno telescópio qualquer telescópio adquirido por poucas centenas de euros ou menos. Uma das razões pelas quais escrevi este livro foi para ajudar pessoas que adquiriram o seu primeiro telescópio, daqueles pequenos, de hipermercado, a lidarem com as suas dificuldades. Aliás, o título original deste livro era *50 Coisas para Ver com um Telescópio de Hipermercado*.

Muitos telescópios são usados uma vez, embalados e arrumados bem no fundo do armário. Por vezes, as pessoas são levadas a comprar estes telescópios pelas imagens de planetas e galáxias que vêem na respetiva embalagem, que as fazem acreditar que esses seus telescópios são tão potentes quanto o telescópio espacial Hubble.

Talvez você já tenha tentado usar um telescópio, apenas para descobrir que a sua estrutura é instável, a óptica é pobre e o computador (se o tiver), que está programado com 14 000 objetos, nem sequer consegue distinguir entre Júpiter e a Lua.

Os meus primeiros três telescópios cumpriram com estes critérios. Enquanto miúdo, eu passei horas a observar objetos celestes aleatoriamente, sonhando com o dia em que veria algo de empolgante. Eu desejei desesperadamente conseguir ver qualquer coisa que iluminasse o meu ser e me lançasse numa carreira lucrativa como astronauta.

Eu já era um adulto quando uma dessas experiências marcantes ocorreu e já tinha uma carreira bem estabelecida no ramo da contabilidade empresarial quando realmente despertei para a astronomia. A farmácia da minha área estava a vender pequenos telescópios por cerca de 13€. A embalagem tinha um belíssimo *design*, com imagens de Saturno e Júpiter. Eu pensei: "Que seja; eu vou fazê-lo, eu vou comprar este telescópio!"

Eu levei o telescópio para casa e montei-o. "Este telescópio, realmente, **não** é muito bom!", pensei, embaraçado por ter gasto dinheiro numa peça que afinal era lixo. O telescópio tinha um tripé de plástico para câmaras em vez de uma montagem própria para telescópios, as oculares eram muito pequenas, a lente principal era do tamanho de uma moeda grande e o buscador claramente era só para enfeitar.

De qualquer forma, eu decidi dar-lhe uma oportunidade. Eu levei o telescópio para o exterior, colocando-o em frente ao meu apartamento, por baixo de um candeeiro de rua e com a linha do metro a passar à frente. Apontei o pequeno telescópio a uma estrela amarela brilhante que tinha acabado de surgir acima do horizonte.

"Não acredito!", pensei, enquanto o telescópio se estabilizava no ar parado daquela noite de céu limpo. Diante de mim, em alta definição, com foco perfeito, sem sinal de distorção, eu tinha, pela primeira vez na vida, os anéis de Saturno.

Para muitos leitores, o primeiro telescópio que compraram (ou receberam) é de dar a volta à cabeça. Digo-o literalmente: você tem de torcer o pescoço e inclinar a cabeça só para olhar através da lente. Bem, este livro é para si.

O que me inspirou a escrever este livro? Eu faço muito voluntariado num grupo da sociedade astronómica da minha zona, através da Night Sky Network da NASA. Visitamos várias escolas para ensinar aos alunos astronomia e como usar um telescópio. No entanto, apesar de estarmos na Califórnia, o céu nem sempre está 100% limpo. Este é um diálogo habitual:

Criança: – Podemos olhar para o Sol?

Eu: – Não, só podes ver o Sol durante o dia.

Criança: – Posso ver a Lua?

Eu: – Não, ela hoje não está visível. Mas há muitas outras coisas para ver.

Criança: – Como o quê?

Entretanto, o céu começa a ficar nublado.

Eu: – Como isto! – E aponto o telescópio a Saturno.

Criança: – Não vejo nada.

Eu: – Ah, uma nuvem colocou-se estrategicamente à frente de Saturno.

A criança vai-se embora.

Quando isto acontece, é preciso ser-se criativo, caso contrário, tudo se torna caótico. Os alunos começam a ficar entediados e começam a atirar coisas. Os professores dão-lhes lanternas e eles apontam-nas para os nossos olhos. Viramos as costas por dez segundos e há logo uma criança a montar o telescópio como se fosse um cavalo.

Às vezes, o que é preciso é pensar de modo não convencional. Num certo evento de astronomia, eu estava no topo de Mount Diablo quando o céu começou a ficar nublado. Eu decidi apontar o telescópio à luz vermelha que estava no topo do edifício de observação no cimo do monte. Os alunos ficaram fascinados!

A luz estava a 400 metros de distância, mas dava para se ver a condensação no bulbo de vidro vermelho. Uma traça estava a voar em volta dele.

Os miúdos notaram que a lâmpada aparecia invertida no telescópio e eu tive de explicar que isto se devia às lentes e aos espelhos na ocular. Observarmos aquela lâmpada a 400 metros de distância, algo tão familiar, tão pequeno e tão distante, permitiu-nos perceber o poder de um telescópio.

Passámos meia hora a olhar para aquela luz. Foi vista por pelo menos cem pessoas. Aquela noite provavelmente inspirou tantos futuros cientistas quanto uma noite de céu completamente limpo.

Ainda não tem um telescópio?

Desde que eu publiquei a primeira versão deste livro em 2013, várias pessoas me têm contactado para perguntar que telescópio é que devem comprar, de acordo com o orçamento de que dispõem. A resposta mais habitual a esta questão é "depende". Eu detesto dar essa resposta. A maior parte das pessoas que se estão a iniciar na astronomia amadora tem um objetivo: **ver coisas interessantes**. Elas não estão a tentar tirar fotografias ou fazer grandes descobertas científicas. Assim, a minha única regra quando recomendo um primeiro telescópio é comprar o telescópio com a maior abertura que o seu orçamento permitir (a abertura é o diâmetro da lente ou espelho principal). Eu vou continuar a dar este conselho porque é

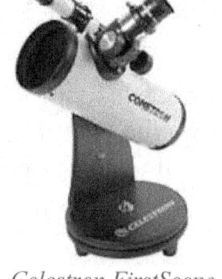

a melhor forma de ver coisas interessantes.

Se o seu orçamento está entre 20€ e 50€:

Este telescópio de mesa tem 76mm de abertura, o que é mais do que suficiente para ver todos os objetos neste livro. E, por este preço, você não encontra outra montagem tão fácil de usar.

Celestron FirstScope

Entre 50€ e 150€:

Nesta gama de preços, pode começar a procurar telescópios com mais de 110mm de abertura. Terá ótimas vistas dos anéis de Saturno e de centenas de objetos do céu profundo.

Dica: Pondere comprar um telescópio em segunda mão para conseguir uma maior abertura sem mais custos!

Celestron PowerSeeker 114AZ

Entre 150€ e 300€:

Nesta gama de preços, já tem acesso a alguns telescópios mesmo bons. Tente conseguir uma abertura em torno dos 153mm; não se vai arrepender! Os telescópios dobsonianos são muito apreciados.

Orion SkyQuest 153mm

Entre 300€ e 500€:

Agora é a sério! Nesta gama, encontra telescópios com 203mm a 254mm de abertura. Eu prefiro os dobsonianos pela simplicidade de uso e pelas ótimas vistas de galáxias, nebulosas e enxames globulares.

Orion SkyQuest 203mm

Entre 500€ e 1000€

Nesta gama de preços, talvez passe a pensar em ter um telescópio computadorizado. Pessoalmente, não o faria, mas é uma opção. Um dobsoniano de 305mm é um telescópio excelente. Em noites escuras, pode ver cometas distantes e galáxias pouco luminosas. Algumas pessoas até o usam para descobrir supernovas desconhecidas!

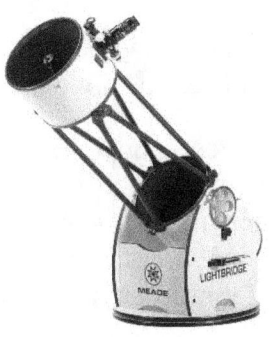

Meade Lightbridge Dobsonian

Por menos de 1000€, os telescópios computadorizados não costumam ter mais que 153mm de abertura. Mas existem muitos com funcionalidades interessantes, como excursões pelo céu e a deteção de satélites.

Celestron NexStar 6se

Dificuldade

Aqui está um guia útil relativamente ao nível de dificuldade associado à observação de cada objeto.

1 Supernova: A sério? Como é que você não encontrou isto antes?

2 Supernovas: Provavelmente é um dos objetos mais brilhantes no céu.

3 Supernovas: Se conseguir ver isto, é oficialmente um astrónomo amador!

4 Supernovas: Vai despertar a inveja de astrónomos a sério.*

5 Supernovas: Você provavelmente acabou de descobrir uma supernova e vai aparecer nas notícias!

*Às vezes, podem ser precisas muitas horas e muita paciência para finalmente descobrir o objeto que procura e a vista pode nem sempre ser espetacular, mas não é esse o objetivo. O objetivo é apreciar os objetos que você consegue ver! Espero que este livro ajude-o a apreciar o verdadeiro esplendor de tudo o que existe no céu.

Uma nota sobre cores

Sabia que em condições de baixa luminosidade, o olho humano só consegue ver a preto e branco?

Só quando usa uma câmara digital é que as galáxias e as nebulosas apresentam cores. Muitos objetos cujas imagens foram obtidas com telescópios profissionais nem sequer se encontram em comprimentos de onda detetados pelo olho humano! Neste caso, os astrónomos profissionais atribuem a esse comprimento de onda uma cor que o olho humano consiga ver. Isto é geralmente chamado de cor falsa ou representativa.

Este livro concentra-se naquilo que **você** consegue VER através do seu telescópio, não no que uma câmara consegue produzir. Muitas vezes, os astrónomos que se dedicam à astronomia visual descrevem os objetos celestes como "lindos borrões", porque, sem uma câmara, esse é o aspeto da maior parte dos objetos no espaço profundo.

Por essa razão, este livro é diferente da maior parte dos outros livros de astronomia amadora. Eu decidi publicar a versão impressa a preto e branco, o que lhe permite a si, caro futuro astrónomo ou astrónoma, poupar quase 15€ que você pode agora investir no seu novo telescópio!

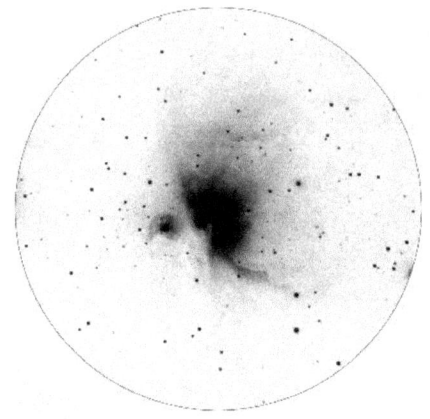

Um lindo borrão!

Coisas que precisará para começar

1. O telescópio que você recebeu no Natal (ou no seu aniversário ou no Hanukkah).

2. Noções básicas de como focar e apontar o telescópio aos pontos luminosos no céu. Veja o manual do seu telescópio para mais informações.

3. Um programa ou aplicação de observação astronómica como o Stellarium, para Mac e PC, disponível em http://www.stellarium.org ou na loja de aplicações. Você vai precisar de uma aplicação deste tipo para localizar muitos dos objetos mencionados neste livro. Geralmente, os planetas não seguem qualquer tipo de calendário anual, pelo que você vai precisar de *software* para descobrir a localização atual de um dado planeta no céu.

4. Você vai precisar de um filtro solar comercial adequado se estiver a planear usar o seu telescópio para observar o Sol. Quando observar o Sol, use SEMPRE um filtro solar que cubra a **objetiva** ou o **espelho principal**. Estes filtros podem ser comprados em lojas *online* de telescópios, tal como:

http://www.telescopes.com

Nunca use um filtro solar que cubra apenas a ocular. A radiação solar vai derreter o filtro solar e VOCÊ VAI SOFRER DE CEGUEIRA IMEDIATA.

1. A Estrela Polar (Polaris)

Muitas pessoas fazem suposições erradas em relação a qual das estrelas é a Estrela Polar. Algumas acreditam que é a estrela mais brilhante no céu. Já aconteceu pessoas discutirem comigo sobre qual das estrelas era a Estrela Polar, com algumas delas a apontarem para Sirius (que costuma estar mais para sul), só por ser a estrela mais brilhante que conseguiam ver na altura. Na verdade, a Estrela Polar é a 48ª estrela mais brilhante no céu noturno!

Para encontrar a Estrela Polar, imagine uma linha a partir de duas das estrelas que formam o "quadrado" da Ursa Maior, as chamadas guardas, que se estende até à próxima estrela mais brilhante (conforme visto no diagrama abaixo). Na verdade, a Estrela Polar é o que se costuma chamar de estrela binária visível. Com o seu telescópio, talvez consiga identificar a segunda estrela, chamada Polaris B!

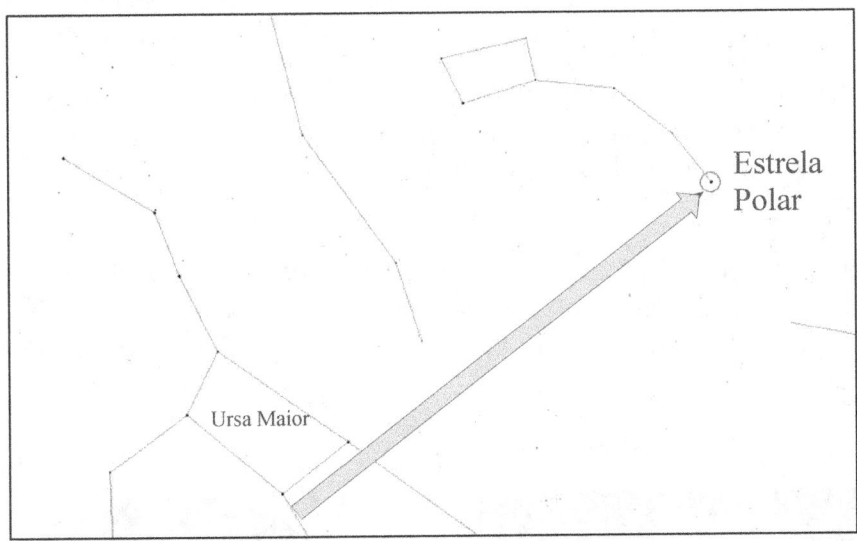

A Estrela Polar é muito importante para quem tem um telescópio com montagem equatorial no hemisfério norte. Para este tipo de montagem funcionar corretamente, um dos eixos tem de estar apontado diretamente a esta estrela.

As minhas desculpas aos australianos, aos brasileiros e a outros no hemisfério sul por mencionar objetos que vocês não podem ver a partir dos vossos países.

Dificuldade: 1 Supernova.

2. Vénus

Ah, Vénus! Este belo planeta recebeu o nome da deusa romana do amor e da beleza. Como Vénus está mais próximo do Sol do que da Terra, o planeta nunca fica muito alto no céu noturno. Além disso, como está sempre próximo do Sol, Vénus só é visível pouco após o pôr do Sol ou logo antes do nascer do Sol.

Vénus é brilhante, muito brilhante. Aliás, Vénus é uma das principais causas de avistamentos de OVNIs por parte de pilotos. Isto deve-se a uma ilusão de ótica. Objetos vistos a grandes distâncias parecem estar parados, por isso, se o observador estiver em movimento, isto cria a ilusão de que o observador está a ser seguido pelo objeto, o qual, neste caso, é Vénus.

Conforme dito acima, Vénus pode ser visto logo antes do nascer do Sol ou logo após o pôr do Sol. Para encontrar Vénus, use a aplicação Star Walk ou o programa Stellarium para saber a sua localização específica.

Ao olhar através do telescópio, repare como o planeta Vénus é muito parecido com a Lua. Isto é porque Vénus tem fases tal como a Lua e, por estar mais perto do Sol que da Terra, às vezes vemos o lado escuro de Vénus.

Quando outra pessoa olhar através do seu telescópio e disser "Hey, estou a ver a Lua!", peça-lhes simplesmente para recuarem do telescópio e verem com os próprios olhos para onde é que o telescópio está realmente apontado.

Dificuldade: 2 Supernovas.

Vénus fotografado pela sonda planetária Mariner 10

Vénus visto através de um telescópio

16

3. Arco até Arcturo e Espigão até Espiga!

Saltar de estrela em estrela usando padrões e frases é a melhor forma de conhecer o céu noturno.

A partir da primavera, "Arco até Arcturo e Espigão até Espiga" é uma ótima frase para repetir enquanto explora o lado este do céu. Imagine um arco que parte da cauda da Ursa Maior e prolongue-o ao longo do céu para chegar até Arcturo, uma estrela laranja brilhante. Depois, endireite o arco para chegar até à estrela azulada Espiga.

Arcturo é uma estrela gigante laranja e é a quarta estrela mais brilhante no céu, enquanto Espiga é uma gigante azul e a 15ª estrela mais brilhante. Espiga pertence à constelação Virgem, enquanto Arcturo se encontra na constelação Boieiro.

Arcturo é muito interessante porque ao longo das nossas vidas, vai mover-se visivelmente em relação às outras estrelas (cerca de um sétimo do diâmetro da Lua em 100 anos). Aliás, está a mover-se a mais de 140 quilómetros por segundo, tão rápido que em meio milhão de anos, já terá desaparecido completamente de vista!

Espiga apresenta rotação e tem brilho variável. No seu equador, roda a cerca de 190 km/h e o seu brilho muda ligeiramente com cada rotação.

Dificuldade: 1 Supernova.

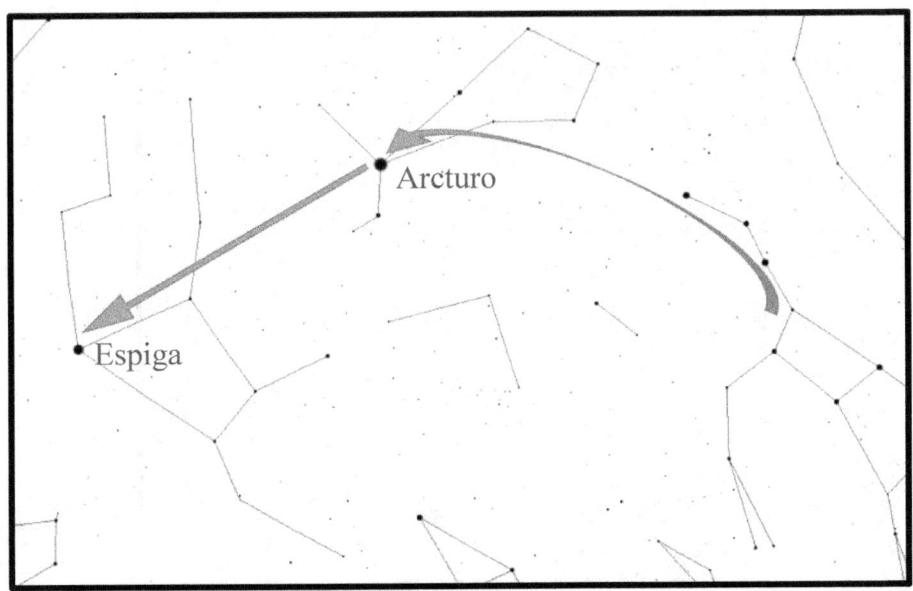

4. Betelgeuse

Sim, Betelgeuse, perto da qual se diz que foi escrito o livro *The Hitchhiker's Guide to the Galaxy* (*À Boleia pela Galáxia*)! As crianças adoram esta estrela, sobretudo por soar como *Beetlejuice* (título original do filme *Os Fantasmas Divertem-se*, inspirado no nome da estrela).

Esta grande estrela vermelha surpreende quem acha que todas as estrelas são brancas (incluindo eu até há uns anos, quando mergulhei mais a fundo na astronomia). O seu brilho também muda. Costuma ser a 8ª estrela mais brilhante, mas pode brilhar tanto como a 6ª ou tão pouco como a 20ª!

Betelgeuse é fácil de encontrar, por ser a estrela brilhante junto ao topo da constelação Órion. Quando é vista através de um telescópio, é fácil notar o quão vermelha é. Para contrastar com essa vermelhidão, aponte o telescópio para Rigel, uma estrela azul apresentada na próxima secção.

Os objetos na constelação Órion vêem-se melhor no outono e inverno. A maior parte das pessoas descobre Órion ao encontrar as três estrelas brilhantes em fila que formam o cinturão de Órion, as três Marias.

Dificuldade: 1 Supernova.

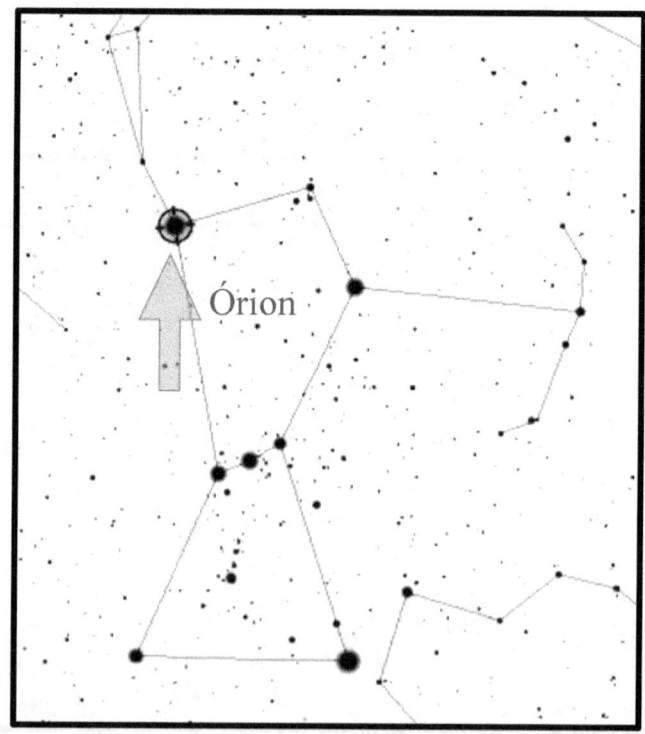

5. Rigel

Não é uma, nem são duas, mas sim três estrelas que formam este ponto de luz na base de Órion. Se o céu estiver muito escuro, dá para distinguir entre a estrela A (a supergigante azul) e a estrela B (uma estrela companheira muito menos brilhante). Já a estrela C orbita muito perto da estrela B e é impossível distingui-las entre si com um telescópio pequeno.

Bem, se este ponto tem três estrelas, devem existir ali vários planetas, certo? Os escritores de *Star Trek* claramente pensam que sim. Planetas chamados de Rigel X ou Rigel II ou Rigel VII fazem de Rigel o sítio mais popular no universo *Star Trek!*

Até Maio de 2013, não foi descoberto nenhum planeta em torno de Rigel. Contudo, milhares de novos planetas são descobertos todos os anos. Você pode consultar uma base de dados atualizada com estas descobertas aqui:

http://exoplanets.org/

Enquanto observa, compare a cor e o brilho de Rigel e de Betelgeuse.

Dificuldade: 1 Supernova.

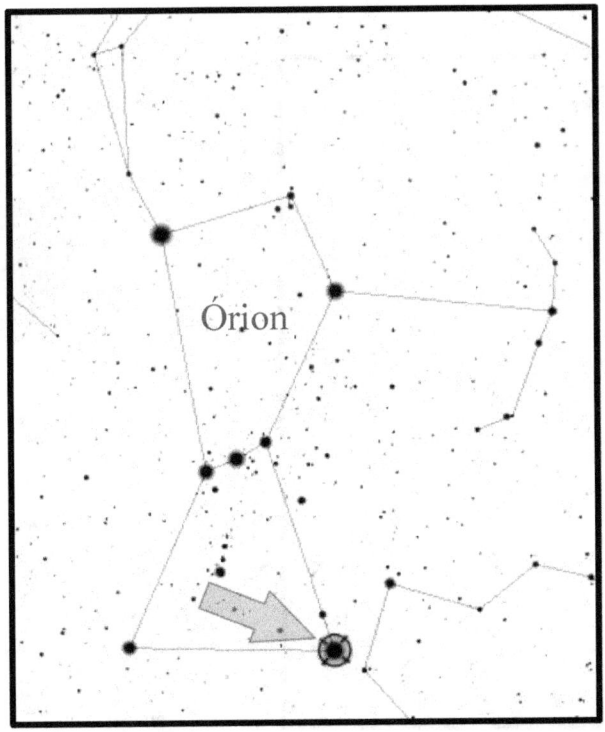

6. A Nebulosa Órion.

A nebulosa Órion é muitas vezes chamada de berçário de estrelas. Quando observa esta nebulosa, consegue ver uma vasta nuvem de gás em torno de uma série de estrelas. É chamada de berçário de estrelas porque essas estrelas estão a formar-se a partir daquele gás.

A nebulosa Órion faz parte do Complexo da Nuvem Molecular de Órion, que também tem a nebulosa Cabeça de Cavalo. Por brilhar pouco, a Cabeça de Cavalo não é visível com um telescópio pequeno, mas é, ainda assim, a localização do "Planeta dos Ood" da série da BBC *Doctor Who*.

A nebulosa Órion é um dos objetos do céu profundo (objetos fora do nosso sistema solar) mais fáceis de encontrar no final do outono, no inverno e no início da primavera. Para encontrar esta nebulosa, comece por localizar o cinturão de Órion e depois imagine a chamada Espada de Órion ao longo da linha de estrelas abaixo deste cinturão. O centro desta espada é a nebulosa Órion.

Dificuldade: 2 Supernovas. Encontrar a nebulosa Órion é como andar de bicicleta. Você nunca se esquece de como o fazer.

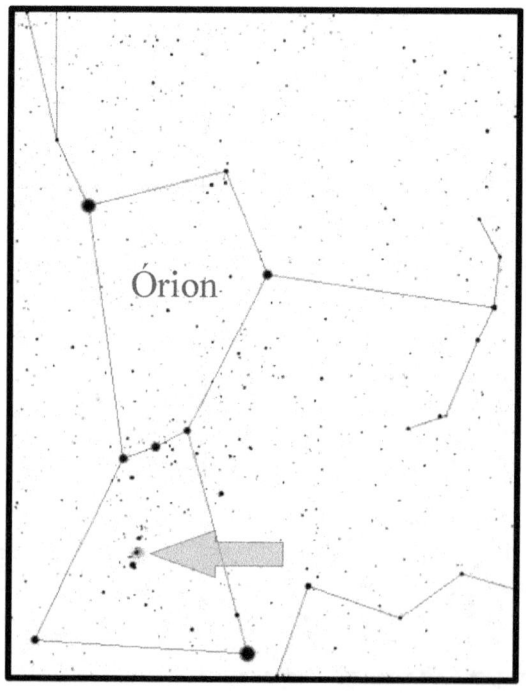

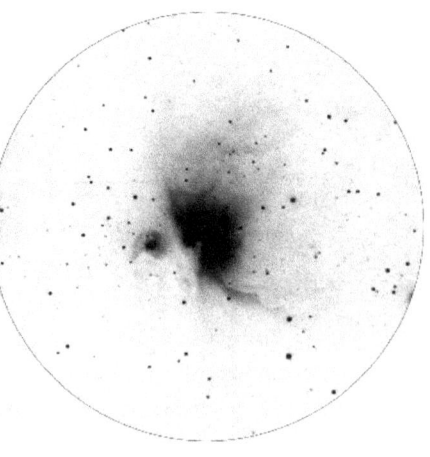

Nebulosa Órion vista com um telescópio

7. Sirius

Sirius (ou Sírio) é a primeira paragem na excursão pelas referências de *Harry Potter* (muitos nomes de estrelas e constelações são mencionados nos livros da série)! Esta estrela é duas vezes mais brilhante que qualquer outra estrela no céu e irá chegar a arruinar a sua visão noturna durante os 30 minutos seguintes à sua observação! Aliás, Sirius é tão brilhante que, em altitudes elevadas, pode ser vista até mesmo durante o dia!

Esta estrela tem a alcunha de "Estrela do Cão" pela sua posição destacada na constelação Cão Maior (Canis Major). Aliás, ela inspirou a expressão "dias de cão", referindo-se aos dias muito quentes do verão.

Sirius localiza-se à esquerda da constelação Órion e pode ser vista em grande destaque no lado sul do céu durante o inverno e início da primavera.

Dificuldade: 1 Supernova.

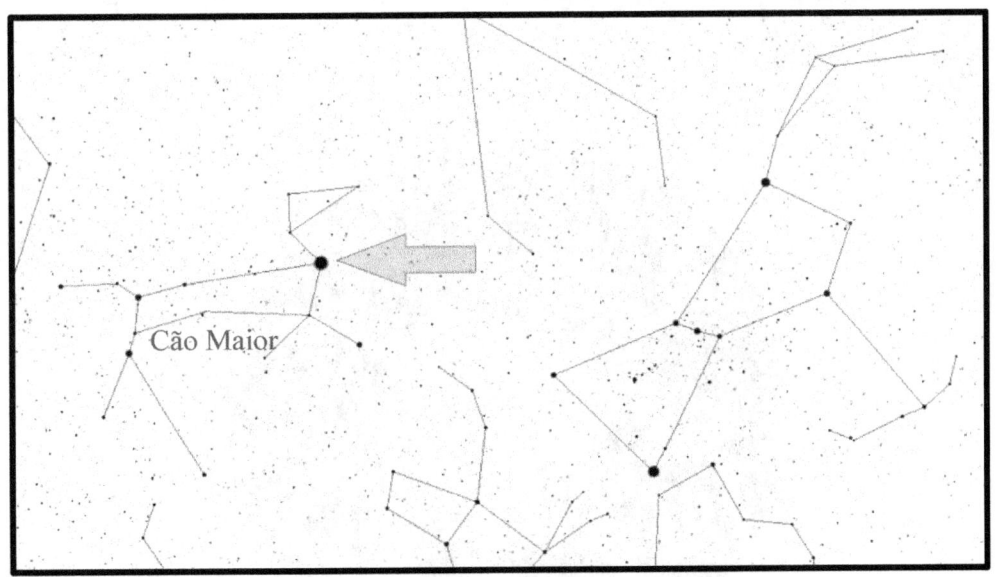

8. A Lua

Ela é imperdível! Mesmo com os telescópios mais pequenos, você deve conseguir ver claramente as crateras na sua superfície.

Uma vez, eu usei aquele telescópio comprado na farmácia por cerca de 13€ para tentar filmar a missão "Lcross" da NASA. Nesta missão, a NASA fez uma sonda espacial colidir com a superfície lunar para criar uma nuvem de poeira lunar que poderia então ser analisada para se detetarem vestígios de água. A colisão supostamente resultaria num *flash* de luz visível da Terra, mas eu não vi nada. Concluiu-se que a colisão não foi visível porque a sonda (que caiu numa cratera no sul da Lua) chocou com solo lunar que tinha uma consistência igual à da neve!

A Lua é visível durante cerca de metade do mês no céu noturno. Se pensar bem, isto faz sentido, porque, tal como a maior parte de nós sabe, a Lua leva 27 dias a completar uma órbita em torno da Terra. Eu fico muitas vezes espantado quando, em noites sem Lua, algumas pessoas acham que podemos ver a Lua através de um telescópio. Só para clarificar: se você não consegue ver a Lua sem um telescópio, também não vai conseguir vê-la com um.

Dificuldade: 1 Supernova.

A Lua vista através de um pequeno telescópio

9: Gémeos - Castor, Pólux e Meteoros

A constelação Gémeos observa-se melhor durante o inverno e primavera no lado oeste do céu após o pôr do Sol e é melhor visualizada se imaginar dois gémeos de mãos dadas. As estrelas Castor e Pólux são as cabeças desses gémeos.

A estrela Castor, a cabeça do gémeo à direita, revela-se uma estrela binária quando vista pelo telescópio. Mas, na verdade, Castor é um sistema estelar sêxtuplo, seis estrelas mantidas juntas pela gravidade. No entanto, estas seis estrelas só podem ser vistas separadamente com um telescópio extremamente potente ou através da ciência da espectroscopia (a separação da luz em diferentes comprimentos de onda).

A estrela Pólux, a cabeça do gémeo à esquerda, era uma estrela na sequência principal, como o nosso Sol. Mas esgotou o seu hidrogénio e expandiu-se até se tornar uma estrela gigante, com um raio muitas vezes superior ao do Sol. É por isso que a estrela é alaranjada. Pólux também é a estrela visível mais brilhante com um planeta a orbitá-la (embora isto possa mudar, já que são descobertos novos planetas constantemente).

A meio de dezembro, a chuva de meteoros Gemínidas é uma das chuvas de meteoros mais intensas do ano.

Dificuldade: 2 Supernovas.

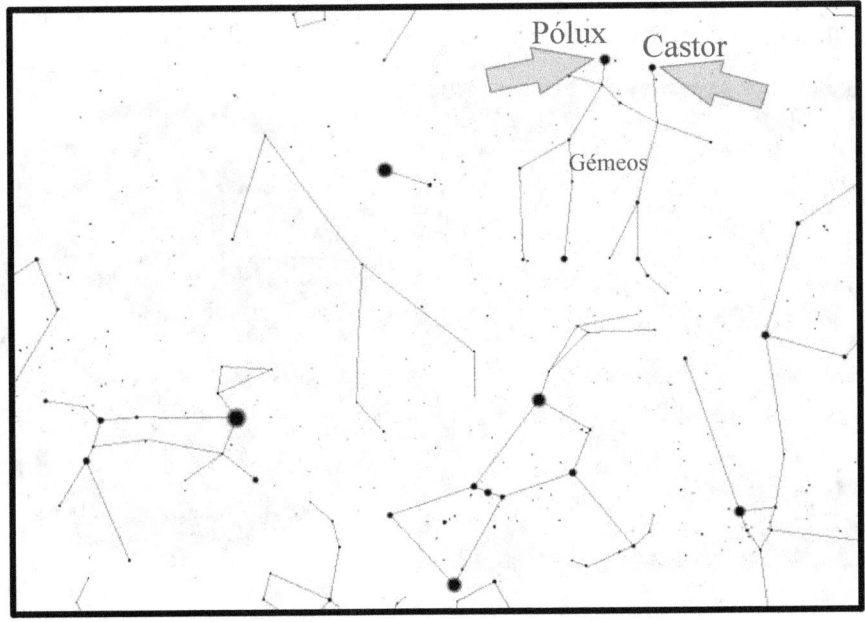

10. Marte

É verdade que pode parecer um simples disco vermelho no seu telescópio, mas hey, é Marte! Continue a observar e a ajustar o foco e talvez consiga ver as calotas de gelo polares e algumas das variações de cor no solo marciano.

É fascinante pensarmos que há homens e mulheres aqui na Terra (no Laboratório de Propulsão a Jato da NASA no condado de Los Angeles) a pilotarem remotamente *rovers* do tamanho de pequenos carros SUV e carrinhos de golfe na superfície de Marte.

Visto que Marte é um planeta, ele estará localizado ao longo da elíptica*. Tal como para todos os planetas, use aplicações de astronomia como o Star Walk ou o Stellarium para obter uma localização exata. Se você já sabe que Marte está visível, procure ao longo da elíptica uma aparente estrela de cor muito vermelha.

*O que é a elíptica? Como todos os planetas orbitam o Sol mais ou menos no mesmo plano, todos eles surgem numa faixa específica do céu noturno, como um avião que segue sempre a mesma rota. Esta faixa chama-se elíptica e vai desde o horizonte a este até ao horizonte a oeste, aproximadamente. É o mesmo percurso que o Sol faz ao longo do dia.

Dificuldade: 2 Supernovas.

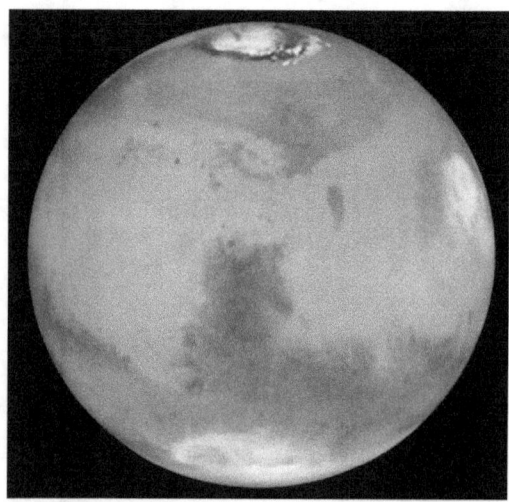

Imagem de Marte obtida pelo Hubble

Marte visto com um telescópio

11. Júpiter

Se você quer ficar impressionado, observe Júpiter e as suas quatro maiores luas: Europa, Io, Ganimedes e Calisto! Durante metade do ano, Júpiter é um dos primeiros objetos a surgir no céu noturno após o anoitecer, o que faz dele um ótimo alvo para focar o seu telescópio e alinhar o buscador no início da noite.

Júpiter é um planeta gigante, com mais de duas vezes e meia a massa combinada de todos os outros planetas do sistema solar. Com um pequeno telescópio bem focado, você não só deve conseguir ver as quatro luas descobertas por Galileu em 1610, como também talvez consiga ver as duas cinturas de nuvens mais visíveis no próprio planeta em si.

Para encontrar Júpiter, procure por um dos objetos mais brilhantes no céu ao longo da elíptica (o percurso dos planetas ao longo do céu de este para oeste) ou então use o Star Walk, o Stellarium ou outro programa de astronomia. Use uma ocular de potência média para uma melhor observação.

Como pode ver pelas fotos abaixo, tiradas por crianças, Júpiter também é um excelente objeto para praticar astrofotografia!

Dificuldade: 2 Supernovas.

Planeta Júpiter fotografado por crianças com 3-12 anos

12. Europa

As luas de Júpiter são de tal modo interessantes que precisam das suas próprias secções.

Europa é a mais pequena das quatro luas descobertas por Galileu, mas eu considero-a a mais interessante. Isto porque Europa tem água, muita água. As últimas estimativas sugerem que por baixo de uma superfície de gelo, existe um oceano líquido com mais de 96 km de profundidade. Segundo esta projeção, Europa tem duas vezes mais água líquida do que a Terra!

As luas de Júpiter mudam de posição todas as noites. Na generalidade dos casos, é difícil dizer qual das luas se está a observar quando se está a usar um telescópio pequeno. A melhor forma de saber qual das luas é Europa é usando programas ou aplicações de astronomia. Infelizmente, o Star Walk não mostra a localização das luas de Júpiter. Você vai ter de usar outro programa, como o *Star-Rover* ou o Stellarium.

Dificuldade: 3 Supernovas.

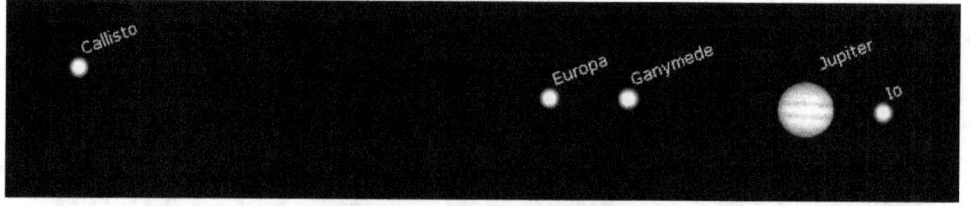

Júpiter e as suas luas - (a orientação das luas muda todas as noites)

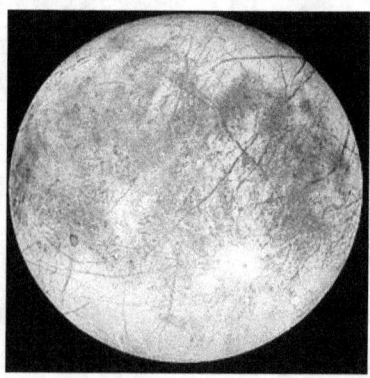

Imagem de Europa obtida pela sonda Galileu

13. Io

Você já leu o livro *Ilium*, de Dan Simmons? Bem, você devia fazê-lo, porque a personagem principal (um robô mineiro) é originária desta lua.

Das quatro luas de Júpiter descobertas por Galileu, Io é a que tem a órbita mais próxima de Júpiter. Io também é o corpo celeste com maior atividade geológica no sistema solar, com mais de 400 vulcões ativos!

Dificuldade: 3 Supernovas

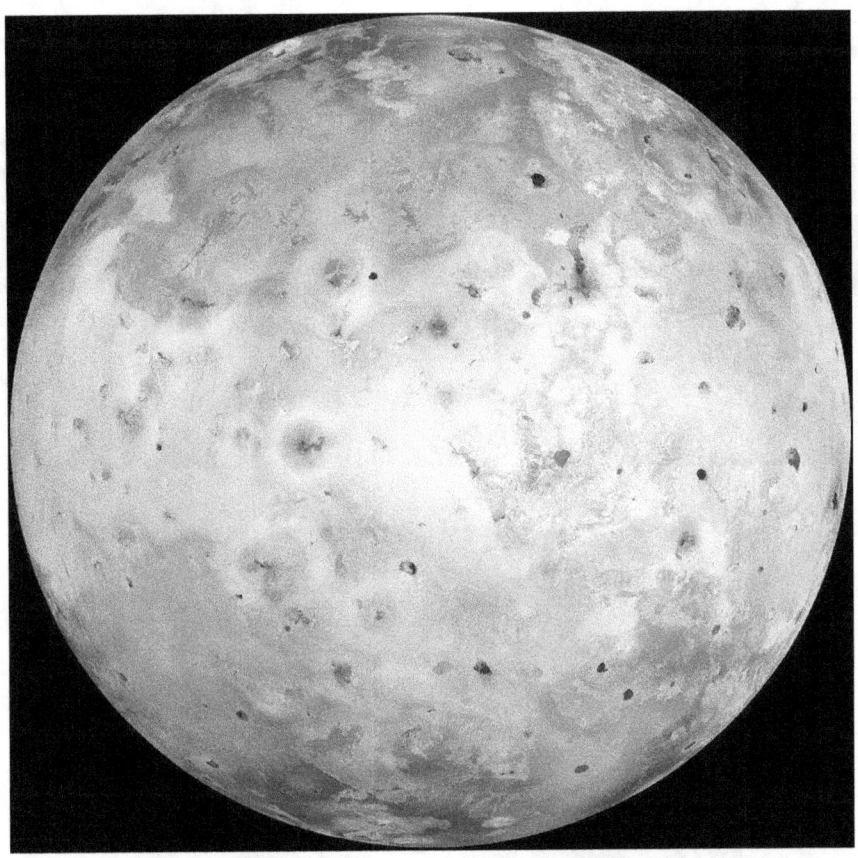

Imagem de Io obtida pela sonda Galileu

14. Calisto

Comece a fazer as malas, porque Calisto poderá vir a ser a sua nova casa! Esta lua tem os níveis mais baixos de radiação de todas as maiores luas de Júpiter e é um local promissor para uma futura colonização humana! Isto, claro, se você conseguir suportar dias que duram 400 horas. Se alguma vez visitar Calisto, não tente fazer uma direta!

Quando observa Júpiter, Calisto é geralmente a lua mais distante do planeta. A sua órbita é tão distante que é fácil confundi-la com uma qualquer estrela do espaço profundo.

Dificuldade: 3 Supernovas.

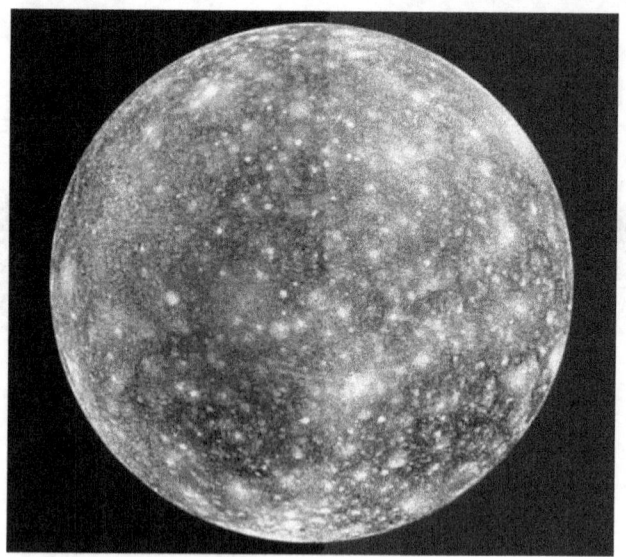

Imagem de Calisto obtida pela sonda Galileu

15. Ganimedes

Tornada famosa pela série televisiva de 1993 *Power Rangers*, esta lua continha a localização da frota Zord dos "Mega Veículos".

Mais interessante do que isso é saber que Ganimedes é a maior lua do sistema solar. Tem duas vezes a massa da Lua do nosso planeta Terra!

Para encontrar Ganimedes, observe cuidadosamente qual das luas de Júpiter é a maior e a mais brilhante. Mas, só para ter a certeza, use uma aplicação de astronomia para confirmar a localização.

Dificuldade: 3 Supernovas.

Imagem de Ganimedes obtida pela sonda Galileu

16. Saturno

Basta olhar uma vez para Saturno para querer trocar o seu carro por um telescópio de igual valor. Ou não. Seja como for, é uma visão magnífica.

Saturno é tão incrível que inspirou o nome do dia mais incrível da semana, o Sábado. Talvez você deva passar a chamar o Sábado de Dia do Incrível Saturno.

Tal como para qualquer planeta, consulte primeiro o Stellarium ou outra aplicação para se certificar de que ele está localizado numa posição alta no céu noturno. Ele estará ao longo da elíptica, com uma cor amarela.

Dificuldade: 2 Supernovas (3 Supernovas se você conseguir tirar uma foto dos anéis com a câmara do seu telemóvel).

Imagem de Saturno obtida pela sonda Cassini

Saturno visto através de um telescópio

17. Titã

Titã é a maior lua de Saturno. Não havia melhor lugar que este para sair do "warp" e evitar a deteção por parte de uma nave mineira romulana no fantástico filme *Star Trek 11*.

O fato mais interessante sobre Titã é que tem uma gravidade suficientemente baixa e uma atmosfera suficientemente densa para lhe permitir a si voar como um pássaro se você anexasse pequenas asas aos seus braços!

A NASA também já fez uma sonda aterrar na superfície de Titã. A 14 de Janeiro de 2005, uma sonda muito pequena chamada *Huygens* penetrou a atmosfera espessa de Titã e caiu de paraquedas até à superfície. A sonda tirou fotos ao longo de toda a queda e uma foto da superfície (mostrada à direita).

À data da escrita deste livro (2013), Saturno é visível durante a primavera e verão. Se estiver a ler este livro num futuro distante, use uma aplicação de astronomia para saber o seu local exato.

Para encontrar Titã, encontre primeiro Saturno. Quando tiver visto Saturno, verá Titã a orbitá-lo mesmo ao lado.

Dificuldade: 3 Supernovas.

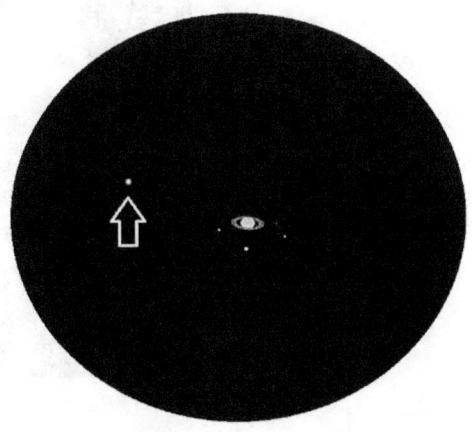

Saturno e Titã vistos através de um telescópio

18. Eclipse Lunar

Frequentemente chamados de Lua de Sangue, os eclipses lunares não são tão raros quanto possa pensar. Ao contrário dos eclipses solares, os quais só são visíveis em algumas regiões, os eclipses lunares podem ser observados de quase qualquer lugar no lado noturno da Terra, desde que não haja nuvens pelo caminho.

Um eclipse lunar ocorre quando a Lua passa pela sombra criada pela Terra. A luz solar atravessa a atmosfera terrestre e atribui um tom avermelhado à Lua.

Existem três tipos básicos de eclipses lunares. O primeiro, e o mais empolgante, é o eclipse lunar total, no qual a Lua está totalmente imersa na sombra da terra. O segundo é o eclipse lunar parcial. Durante um eclipse parcial, a Lua está apenas parcialmente coberta. Por fim, existe o eclipse lunar penumbral, no qual a luz que atravessa a atmosfera da Terra ilumina uma parte da Lua, mas sem que haja uma sombra evidente. No entanto, os eclipses penumbrais são muitas vezes difíceis de distinguir de uma Lua cheia normal.

A página seguinte contém um calendário de eclipses totais e parciais até ao ano 2030.

Dificuldade: 2 Supernovas.

Eclipse Lunar, Imagem do Autor

18.5. Calendário de Eclipses Lunares

Data do calendário	Tipo de eclipse	Hora do máximo do Eclipse (UT ~ UTC)	Duração do eclipse	Região geográfica de visibilidade do Eclipse
7 de agosto de 2017	Parcial	18:21:38	01h55m	Europa, África, Ásia, Austrália.
31 de janeiro de 2018	Total	13:31:00	03H23m	Ásia, Austrália, Pacífico, América do Norte ocidental
27 de julho de 2018	Total	20:22:54	03h55m	América do Sul, Europa, África, Ásia, Austrália.
21 de janeiro de 2019	Total	5:13:27	03h17m	Pacífico Central, Américas, Europa, África
16 de julho de 2019	Parcial	21:31:55	02H58m	América do Sul, Europa, África, Ásia, Austrália.
26 de maio de 2021	Total	11:19:53	03H07m	Sudeste da Ásia, Austrália, Pacífico, Américas
19 de novembro de 2021	Parcial	9:04:06	03H28m	Américas, norte da Europa, sudeste da Ásia, Austrália, Pacífico
16 de maio de 2022	Total	4:12:42	03h27m	Américas, Europa, África
8 de novembro de 2022	Total	11:00:22	03H40m	Ásia, Austrália, Pacífico, Américas
28 de outubro de 2023	Parcial	20:15:18	01h17m	Este da América, Europa, África, Ásia, Austrália
18 de setembro de 2024	Parcial	2:45:25	01H03m	Américas, Europa, África
14 de março de 2025	Total	6:59:56	03H38m	Pacífico, Américas, Europa Ocidental, África Ocidental
7 de setembro de 2025	Total	18:12:58	03h29m	Europa, África, Ásia, Austrália
3 de março de 2026	Total	11:34:52	03h27m	Sudeste da Ásia, Austrália, Pacífico, Américas
28 de agosto de 2026	Parcial	4:14:04	03h18m	Pacífico leste, Américas, Europa, África
12 de janeiro de 2028	Parcial	4:14:13	00H56m	Américas, Europa, África
6 de julho de 2028	Parcial	18:20:57	02H21m	Europa, África, Ásia, Austrália
31 de dezembro de 2028	Total	16:53:15	03h29m	Europa, África, Ásia, Austrália, Pacífico
26 de janeiro de 2029	Total	3:23:22	03H40m	Américas, Europa, África, Médio Oriente
20 de dezembro de 2029	Total	22:43:12	03h33m	Américas, Europa, África, Ásia
15 de junho de 2030	Parcial	18:34:34	02H24m	Europa, África, Ásia, Austrália

Previsões de eclipse por Fred Espenak, GSFC da NASA

19. Manchas Solares

As manchas solares são remoinhos ou tempestades resultantes de atividade magnética junto à superfície do Sol que causa uma redução de temperatura numa dada região.

O que torna as manchas solares interessantes? Bem, em primeiro lugar, elas costumam ser aproximadamente do tamanho da Terra! Em segundo lugar, elas surgem em pares (uma para cada pólo magnético da perturbação). Terceiro, elas mudam de localização todos os dias. Quarto, uma vez eu fotografei uma mancha solar que parecia o Havai.

Para ver manchas solares, aplique um filtro solar no seu telescópio ou nos seus binóculos e depois foque bem o Sol. Com o Sol focado, você deve quase sempre conseguir ver pelo menos uma ou duas manchas solares.

Dificuldade: 2 Supernovas.

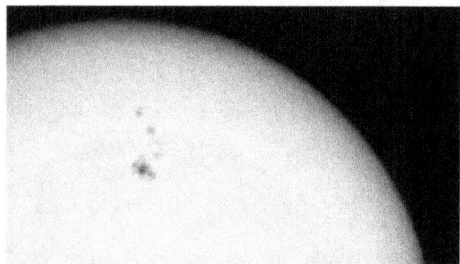

Manchas solares com o aspeto das ilhas havaianas

A fotografar o Sol com binóculos com um filtro solar e um iPhone

20. Eclipse Solar

Um eclipse solar ocorre quando a Lua passa à frente do Sol. Devido à órbita elíptica da Lua, às vezes o eclipse dá-se quando a Lua está mais próxima da Terra e, outras vezes, quando ela está mais distante. Por essa razão, existem dois tipos de eclipses. Um deles é o eclipse anular, quando a Lua está mais distante e por isso não cobre totalmente o Sol. Quando a Lua está mais próxima da Terra e ocorre um eclipse, ela cobre totalmente o Sol e, nesse caso, estamos perante um eclipse solar total.

Confesso que nunca testemunhei um eclipse solar total, mas ouvi dizer que ver um eclipse desse tipo é uma experiência magnífica: o ar arrefece, os animais comportam-se de forma estranha e fica visivelmente escuro. Para ver uma lista com 32 coisas a fazer para se preparar para um eclipse solar total, leia este ótimo artigo: http://www.ehow.com/how_17510_view-solar-eclipse.html

Eu só observei um eclipse anular, que foi o que me permitiu tirar a foto mostrada abaixo (com o meu iPhone, binóculos e um filtro solar).

Na hora anterior e na hora seguinte à totalidade (a totalidade é a fase em que a Lua cobre totalmente o Sol e pode durar entre trinta segundos e seis minutos), você pode observar o Sol através do seu telescópio com um filtro solar comercial próprio.

No apêndice deste livro, está incluído um calendário com os próximos eclipses solares totais e eclipses solares anulares.

Dificuldade: 2 Supernovas.

Eclipse solar anular – 20 de Maio de 2012

21. As Plêiades

Você pode saltar este item caso conduza um Subaru, porque você vê este conjunto de estrelas de cada vez que olha para o volante do seu carro. Se não conduz um Subaru, então pode encontrar as Plêiades à direita de Órion (isto é, a sua direita, mas a esquerda de Órion).

Algumas pessoas confundem as Plêiades com a constelação Ursa Menor. A verdadeira Ursa Menor tem pouco brilho, apesar de ser bem maior que as Plêiades, e está no lado norte do céu.

Para encontrar as Plêiades, olhe para cima, para a região do céu à direita de Órion. Geralmente, se houver qualquer tipo de poluição luminosa, apenas 6 das 7 estrelas mais brilhantes das Plêiades serão visíveis a olho nu. No entanto, assim que olhar através do seu telescópio, vai passar a ver dúzias de estrelas!

Dificuldade: 1 Supernova.

As Plêiades vistas com um telescópio

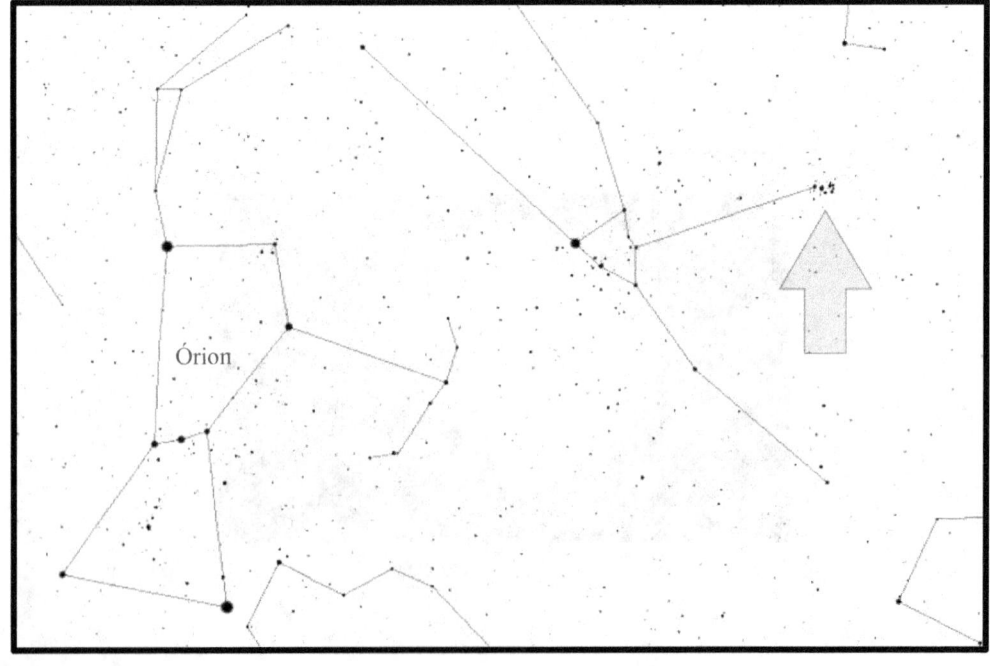

22. O Enxame Estelar de Hércules

Este enxame globular é dos poucos objetos neste livro que está fora do plano da galáxia! Não admira que tenha sido aqui que a Terra foi roubada e escondida no livro *Hyperion*, um clássico de 1989 de Dan Simmons.

Também é um dos objetos mais brilhantes do céu profundo e é muito fácil de encontrar, o que não admira, porque é enorme! Existem várias centenas de milhares de estrelas neste enxame e, quanto mais tempo olhar para ele, mais estrelas verá. Se o seu telescópio for muito pequeno, este item vai aparecer-lhe como uma espécie de globo cinzento (daí ser globular).

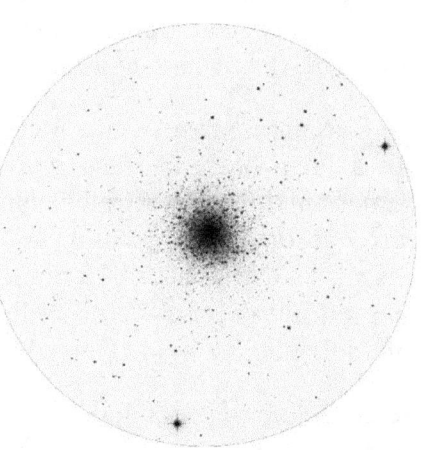

Como descobri-lo? Escolha uma ponta do quadrado da constelação Hércules e siga ao longo dos lados do quadrado até encontrar o enxame.

O enxame de Hércules visto ao telescópio

Dificuldade: 3 Supernovas.

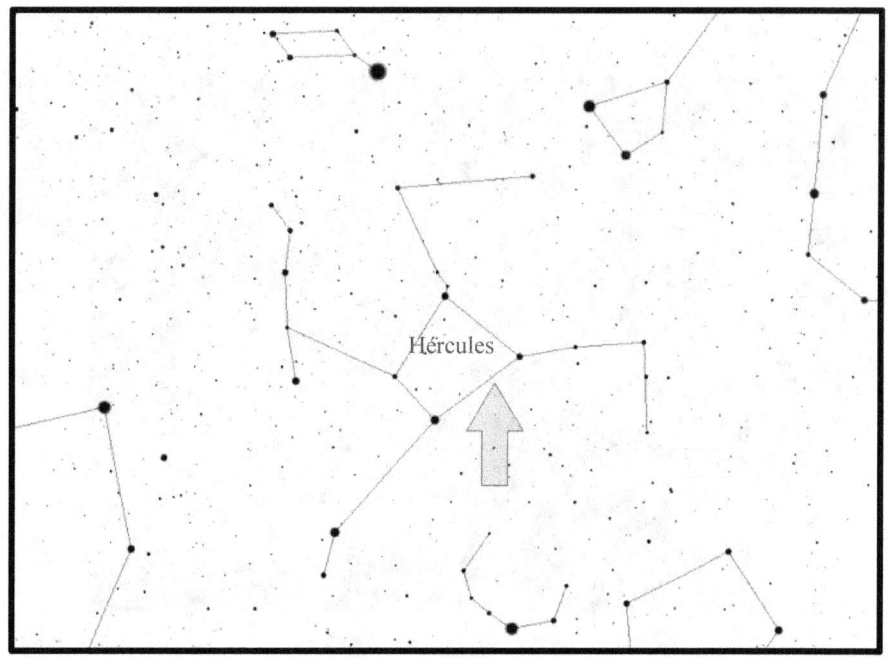

23. A Via Láctea!

Bem, se você é um astrónomo amador (se tem um telescópio, isto aplica-se a si) e não consegue encontrar a Via Láctea, só deve precisar de um céu mais escuro! Na verdade, todas as estrelas que você vê no céu noturno fazem parte da Via Láctea. Geralmente, quando alguém diz que consegue ver a Via Láctea, a pessoa está a referir-se ao *plano* da Via Láctea. Você consegue ver o plano claramente na foto incluída abaixo.

Se vive numa área com poluição luminosa, provavelmente não consegue ver a faixa branca difusa que constitui o plano da Via Láctea. Aliás, o número máximo de estrelas visíveis no céu dentro de uma grande cidade é cerca de doze. No campo, se quisesse contar todas as estrelas visíveis, chegaria a contar até 6000 numa noite sem lua. A Via Láctea contém entre 300 mil milhões e 400 mil milhões de estrelas! É por isso que se vê como uma faixa de luz branca em céus muito escuros.

Se consegue ver alguma estrela no céu, já está a olhar para a Via Láctea. Mas se olhar através do seu telescópio para o plano da galáxia, verá uma densidade muito maior de estrelas.

Uma das formas de explorar o plano da Via Láctea é começando no horizonte de um lado e avançando até ao lado oposto. Nunca se sabe o que pode descobrir.

Dificuldade: 1 Supernova.

A Via Láctea vista do Havai. Imagem do autor.

24. Galáxia Andrómeda

Antes do século XX, acreditava-se que a Via Láctea era a única galáxia no universo! Os astrónomos chamavam os objetos que pareciam estar fora da galáxia de "universos-ilha", mas não sabiam bem o que eles eram. Foi só quando Edwin Hubble mediu com precisão a distância até à galáxia Andrómeda que o debate sobre a existência dos universos-ilha chegou ao fim. Antes de Hubble, muitos astrónomos acreditavam que a galáxia Andrómeda era uma nebulosa e chamavam-na de nebulosa Andrómeda.

O que a galáxia Andrómeda tem de interessante é que tem mais de seis vezes a largura da Lua cheia! Mas a única forma de ver toda a dimensão da galáxia é através de fotografia de longa exposição. Quando você vê Andrómeda através do telescópio, só está a ver o núcleo brilhante da galáxia, que vai aparecer-lhe como um belo borrão cinzento.

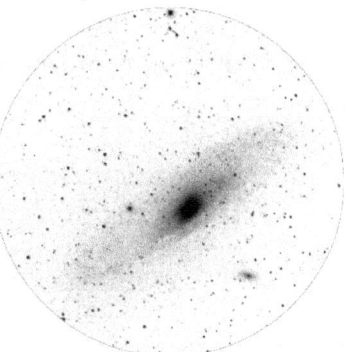

Galáxia Andrómeda vista pelo telescópio

Para encontrar a galáxia Andrómeda, sirva-se da constelação Cassiopeia (com a forma de um W grande) e veja a distância entre quaisquer duas estrelas que façam parte do W e depois triplique esta distância conforme mostrado no diagrama abaixo.

Dificuldade: 3 Supernovas. Embora a galáxia Andrómeda seja visível a olho nu, eu continuo a achá-la relativamente difícil de encontrar. Isto porque a maior parte de nós vive em zonas com muita poluição luminosa.

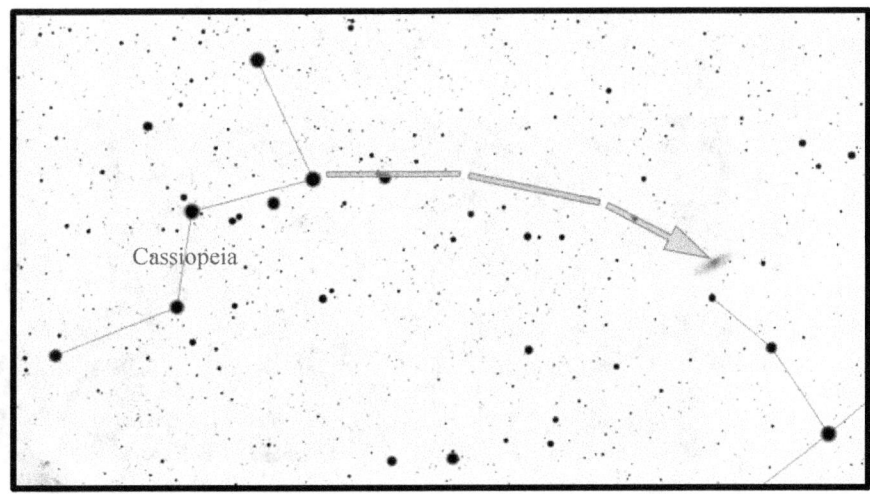

25. Cometas

Qual é a melhor forma de saber se consegue ver um cometa? Veja as notícias. A comunicação social costuma informar de quaisquer cometas em aproximação. No entanto, é frequente haver muito exagero em relação ao seu brilho (ou proximidade potencialmente apocalíptica com a Terra). A maior parte das vezes, apesar de toda a parafernália nas notícias, só alguns destes cometas podem ser vistos por um observador casual.

Os cometas não são estrelas cadentes. Eles são bolas de gelo do tamanho de uma cidade a viajar a mais de 160 000 km/h. Quando se aproximam do Sol, eles libertam gases, o que cria uma cauda visível de partículas com milhões de quilómetros de comprimento.

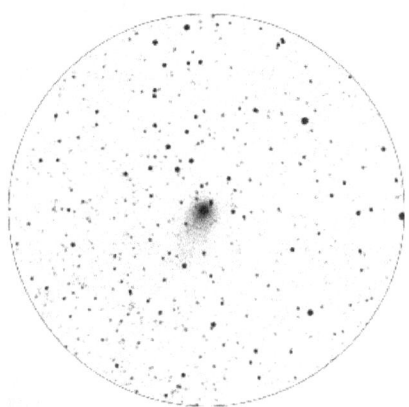

Geralmente, vemos os cometas a centenas de milhões de quilómetros de distância. Por isso, embora viajem extremamente rápido, costumam ser visíveis por até um mês. Assim, os astrónomos amadores têm muito tempo para observá-los.

Um cometa visto com um telescópio

Como ver um cometa: Os *sites* de astronomia e mesmo a comunicação social darão destaque a cometas que fiquem visíveis no céu noturno, geralmente incluindo instruções para vê-los. Se brilharem pouco, procure-os no céu com binóculos e, quando os encontrar, passe para o telescópio.

Dificuldade: 2-5 Supernovas, conforme o cometa. 2 se ele for visível a olho nu e 5 se descobrir um novo cometa e lhe der um nome!

Cometa visto a olho nu

26. Dragão

Sim, Dragão, também chamada de Draco, o que faz desta mais uma paragem ao longo da excursão astrónomica *Harry Potter*. Mas, tendo em conta que todas as estrelas na constelação Dragão brilham muito pouco, elas não são o motivo pelo qual este item está na lista.

Se sabe latim, então sabe que "draco" é a palavra latina para "dragão". Se olhar para a constelação, vai ver a cabeça do dragão. Pois bem, saiba que, em outubro, todos os anos, este dragão expele fogo! Dracónidas é o nome dado aos meteoros que parecem sair da cabeça do dragão.

Para tirar-lhe uma boa fotografia, coloque a sua câmara num tripé e tire uma série de fotografias com 30 segundos de exposição ao longo de toda a noite. Se não tiver uma câmara com exposição manual, use a definição própria para fogos de artifício. Talvez consiga tirar uma foto digna das notícias deste verdadeiro dragão libertador de fogo.

Dificuldade: 1 Supernova para encontrar a constelação, 4 Supernovas para fotografar um meteoro.

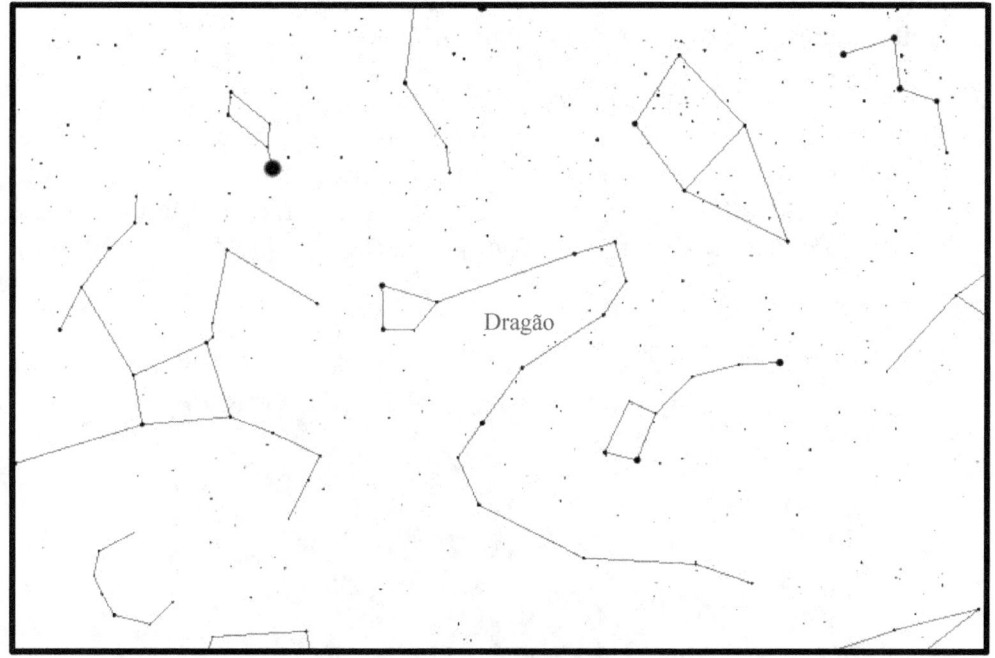

Dragão

27. Helicópteros e Aviões a Jato

Você vive numa zona com uma taxa de criminalidade elevada? Eu cá vivo. Da próxima vez que a polícia estiver a fazer uma busca ou perseguição, use o seu telescópio para ver se consegue distinguir entre o helicóptero da polícia e o das notícias.

Talvez ache estranho ver este item num livro de astronomia, mas os maiores astrofotógrafos do mundo, tal como Thierry Legault, usam helicópteros e aviões para praticarem a observação de objetos que se movem rapidamente no espaço, como a Estação Espacial Internacional. O trabalho incrível de Thierry pode ser visto aqui: http://legault.perso.sfr.fr/

Para ver um avião com o seu telescópio, deve usar a mínima ampliação possível, o que significa que vai ter de usar a maior ocular que tiver. Use o buscador para encontrar o avião e vá movendo o telescópio para manter o avião no campo de visão. Continue a seguir o avião enquanto passa do buscador para a ocular.

A dificuldade de seguir um avião depende do tipo de montagem que usa. Uma montagem dobsoniana é a ideal, enquanto uma montagem equatorial dificulta as coisas por ter um movimento limitado.

Seguir aviões a jato é uma ótima atividade para fazer em observações com crianças antes de anoitecer totalmente. Apenas tem de se certificar de que o Sol já se pôs para evitar apontar acidentalmente o telescópio na direção dele. Quando trabalho com estudantes, às vezes, fazemos um jogo no qual vemos quem consegue adivinhar a companhia aérea a que pertence o avião e depois olhamos pelo telescópio para descobrir!

Dificuldade: 2 Supernovas.

Vaivém espacial Endeavour e avião transportador. Imagem do autor.

28. A Estação Espacial Internacional

A Estação Espacial Internacional, chamada de ISS (International Space Station) pela comunidade espacial, pode ser vista pelo menos algumas vezes por semana a partir de quase qualquer ponto da Terra. É visível de manhã, logo antes do nascer do Sol, ou de noite, pouco após o pôr do Sol.

Ver a Estação Espacial com o seu telescópio pode ser difícil, sobretudo se tiver uma montagem equatorial, mas com uma montagem dobsoniana ou de mesa, pode ser um alvo relativamente fácil. Use a aplicação da NASA no seu *smartphone* ou outra aplicação gratuita para localização da ISS (como o ISS Spotter para iPad) para saber quando será a próxima vez que a Estação Espacial Internacional vai passar sobre a sua área.

Para ver a ISS com o seu telescópio, use uma ocular com ampliação média. Primeiro, encontre a estação com o seu buscador e depois passe para a ocular. Se tiver sorte, poderá distinguir os painéis solares.

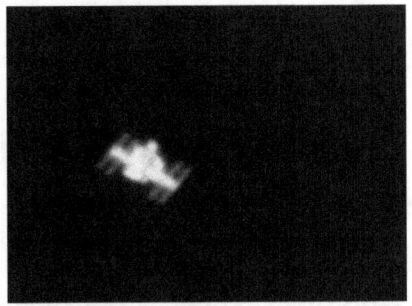

ISS. Imagem do autor.

Como é possível ver tantos detalhes? Bem, a ISS está a orbitar a meras centenas de quilómetros acima da Terra e tem o tamanho de um campo de futebol. Isto quer dizer que, quando está na máxima proximidade, a Estação pode parecer até três vezes maior que Saturno!

Nota: Apanhar a ISS no seu telescópio é muito mais fácil com duas pessoas, uma para encontrá-la com o buscador e outra para observá-la através da ocular.

Dificuldade: 4 Supernovas.

ISS vista com um telescópio

(Nota: a ISS move-se MUITO depressa)

29. Altair e o Triângulo de Verão

O Triângulo de Verão (ou, como a minha esposa lhe chama, "A Grande Fatia de Pizza") é uma parte interessante do céu porque atravessa o plano da nossa galáxia. Assim, está cheio de objetos para descobrir à medida que aprofunda o seu interesse pela astronomia e compra telescópios maiores.

O Triângulo de Verão também é outra forma de aprender a localizar alguns objetos importantes nesta região do céu. O Triângulo de Verão é demarcado por estas três estrelas: Vega, Deneb e Altair.

Altair é provavelmente a estrela mais usada em ficção. Uma das razões é a sua proximidade com a Terra. A apenas 16,7 anos-luz de distância, é uma das estrelas brilhantes mais próximas. Em *The Hitchhiker's Guide to the Galaxy* (*À Boleia pela Galáxia*), os dólares altarianos são a moeda usada ao longo do livro. Altair também é mencionada em vários episódios de *Star Trek*, assim como em *Star Trek, The Wrath of Khan (Star Trek II: A Fúria de Khan)*. Também aparece em alguns episódios de *Doctor Who*.

Infelizmente, ainda não foi descoberto nenhum planeta a orbitar Altair. Isto poderá mudar com o lançamento de uma sonda chamada TESS (Transiting Exoplanet Survey Satellite), a acontecer em 2017. A sonda TESS vai analisar continuamente cerca de dois milhões das estrelas mais próximas em busca de planetas semelhantes à Terra.

Dificuldade: 1 Supernova.

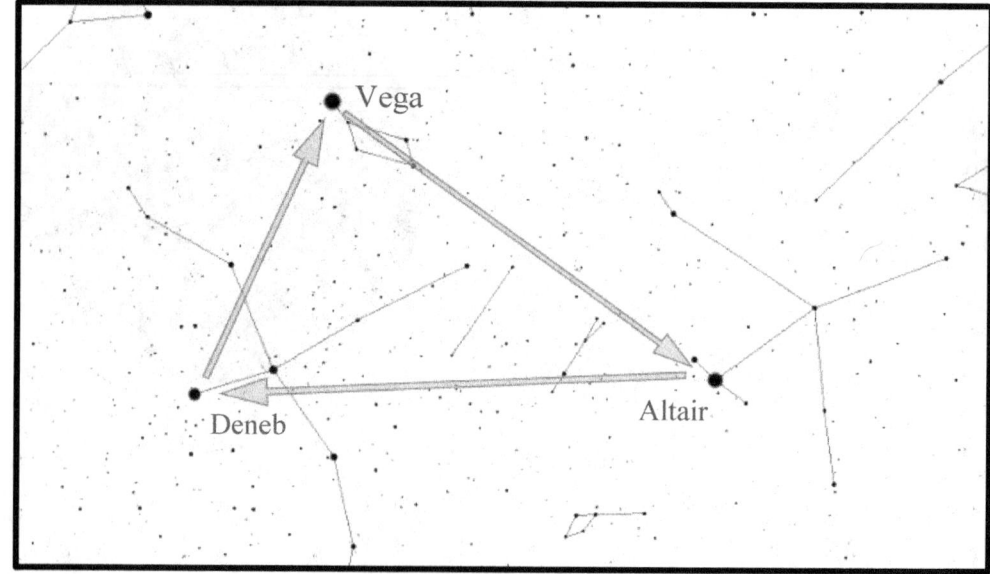

30. Paisagens Urbanas e Naturais

Apontar o telescópio a objetos em terra é uma ótima forma de descobrir a potência do seu telescópio. Uma vez, quando era voluntário num evento em Mount Diablo, na Califórnia, apontámos o telescópio na direção de San Francisco. Aparentemente, os Giants tinham acabado de ganhar um jogo de basebol e estava a ser lançado fogo de artifício sobre o estádio! Não dava para ver isto sem o telescópio, por isso todos os jovens que ali estavam naquela noite reuniram-se em volta do telescópio e viram o fogo de artifício à vez!

O desafio de observar objetos em terra é o fato de a maior parte dos telescópios inverter a imagem. Por causa disso, alguns telescópios têm uma lente "inversora" para voltar a endireitar as coisas.

As paisagens naturais são ótimos alvos de observação quando está a acampar ou quando monta o seu telescópio antes do pôr do Sol. Porque é que acha que tantos destinos turísticos têm telescópios ou binóculos permanentemente montados em cada miradouro?

Se estiver em Yosemite, observe as pessoas a escalar o El Capitan! Se estiver a acampar no Monumento Nacional de Lava Beds, observe quilómetros de extensão de rocha vulcânica. Está a acampar numa praia? Use o seu telescópio para observar os navios no mar.

Talvez até consiga ver uma baleia!

Dificuldade: 1 Supernova.

A Ponte Golden Gate vista a partir de Mount Diablo. Imagem do autor.

31. Aves

Pessoalmente, não sei muito sobre aves, mas há pessoas que compram telescópios com a intenção de observarem aves. Alguns telescópios pequenos, como o Meade ETX 60, vêm com um suporte separado para câmaras precisamente para este fim.

Um dos ótimos aspetos relativos a observar pássaros com um telescópio é a profundidade de campo. Profundidade de campo é um termo usado em fotografia para descrever o grau de foco do sujeito. Quando vê um pássaro numa árvore com um telescópio, só o pássaro é que vai estar focado. Isto acontece porque o telescópio naturalmente cria uma baixa profundidade de campo.

Os telescópios são mais úteis para observar aves que estejam muito distantes; caso contrário, é melhor usar binóculos. Segundo uma pesquisa rápida na Internet, as melhores aves para observar através de telescópios são as aves da família dos patos e gansos, no campo, ou as aves marinhas.

Dificuldade: 2 Supernovas se houver muitos pássaros. 4 Supernovas se houver muito poucos pássaros.

Pássaro em Berkeley. Imagem do autor.

32. A Nebulosa do Haltere (M27)

Descoberta em 1764 pelo astrónomo francês Charles Messier, a Nebulosa do Haltere foi a primeira nebulosa planetária conhecida. Também tem o maior tamanho aparente de qualquer objeto deste livro. A fotografia abaixo mostra o seu tamanho aparente em comparação com a Lua.

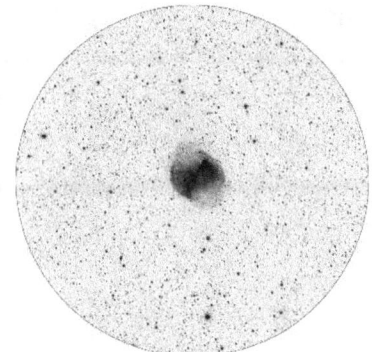

Haltere vista ao telescópio

A nebulosa encontra-se no triângulo de verão entre as constelações Raposa (ou Vulpecula) e Flecha (ou Sagitta).

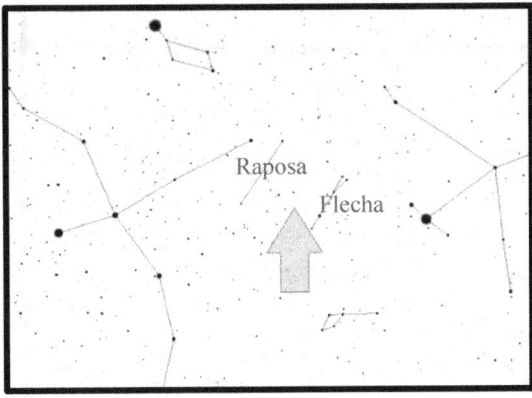

Curiosamente, a Nebulosa do Haltere só recebeu o seu nome em 1833, quando o astrónomo Sir John Herschel comentou:

"Uma nebulosa com a forma de um haltere, com o contorno elíptico complementado por uma ténue luminosidade nebulosa." Dificuldade: 3 Supernovas.

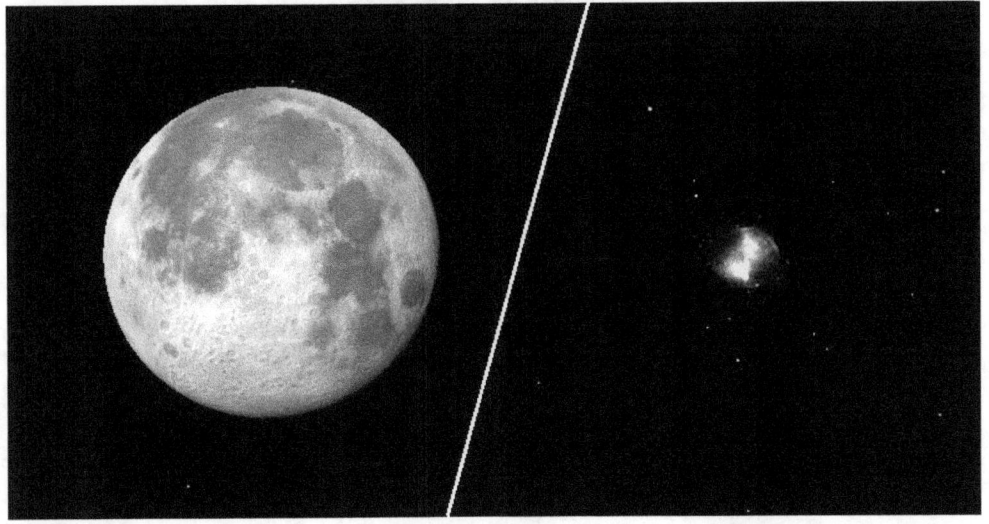

A Lua e a nebulosa M27 vistas com a mesma ampliação

33. Albireo

Albireo é, sem dúvida, uma das estrelas mais populares em observações. Isto deve-se ao fato de conseguir ver um grande contraste entre as cores das duas estrelas. Albireo em si é uma estrela amarela, mas também é um sistema binário com uma estrela companheira azul. Estas estrelas chamam-se Albireo A e Albireo B, respetivamente.

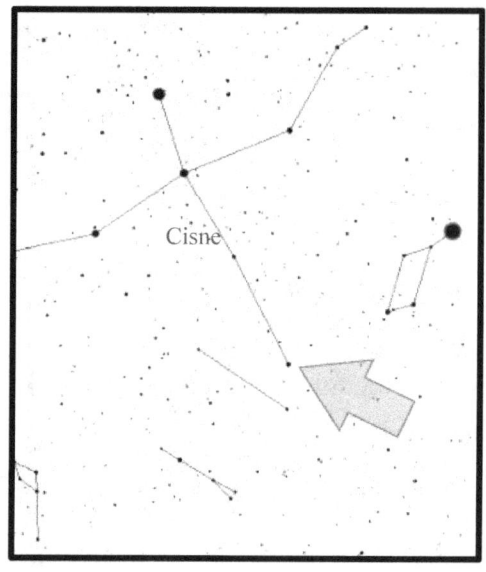

Albireo encontra-se na base da Cruz do Norte, que não é uma constelação em si, mas sim um asterismo (um asterismo é um conjunto de estrelas facilmente reconhecível que não é, oficialmente, uma constelação, sendo a Ursa Maior outro exemplo de um asterismo). Esta constelação, na verdade, é a do Cisne. Cisne é uma constelação visível no verão e outono, principalmente.

Dificuldade: 2 Supernovas.

Albireo vista através do telescópio (nesta imagem, a estrela amarela está à esquerda)

34. Mizar & Alcor

Não precisa de consultar o optometrista quando consegue ver estas duas estrelas. Ver estas estrelas, contidas na Ursa Maior e com as alcunhas de "Cavalo" e "Cavaleiro", costumava ser um teste de visão! No entanto, hoje em dia, a maior parte das pessoas consegue distinguir estas duas estrelas com lentes corrigidas.

Estas estrelas constituem o centro da cauda da Ursa Maior. Quando for observar estas duas estrelas, repare primeiro no par de estrelas em si, que pode ser visto a olho nu e depois olhe para elas novamente, mas através do telescópio. Vai notar que a mais brilhante das duas estrelas é ela própria uma estrela binária!

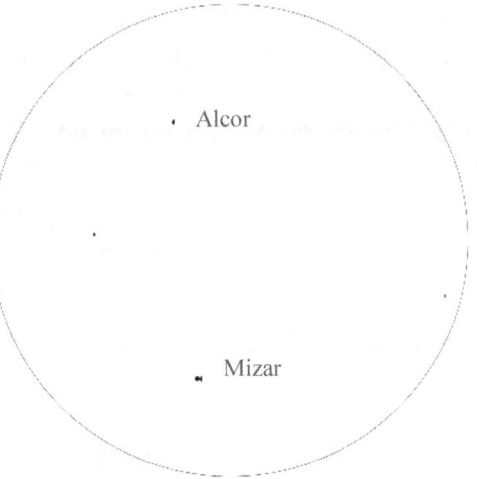

Dificuldade: 2 Supernovas.

Mizar e Alcor através do telescópio

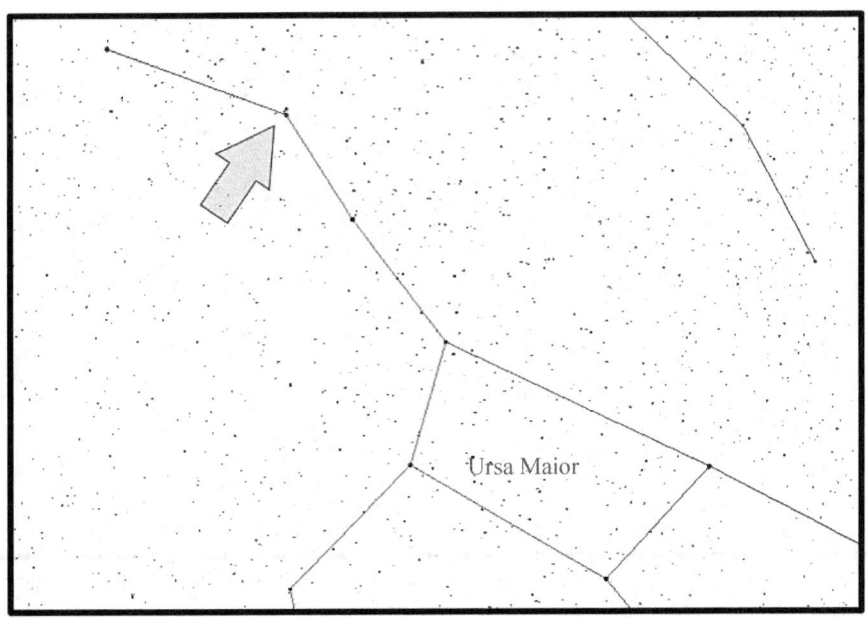

35. Enxame Duplo em Perseu

Estes enxames de estrelas são notáveis por duas razões. Primeiro, são fáceis de encontrar no hemisfério norte porque estão acima do horizonte na maioria das noites. Segundo, todos os anos, a meio de agosto, a chuva de meteoros Perseidas origina-se desta parte do céu.

Os enxames de estrelas são ótimos para ver a quantidade enorme de estrelas que existem no espaço! Para encontrar o enxame duplo em Perseu, olhe para Cassiopeia, com a forma de um grande W, e procure os enxames abaixo e à esquerda desse W (ou acima e à direita de um grande M, consoante a hora e a época do ano).

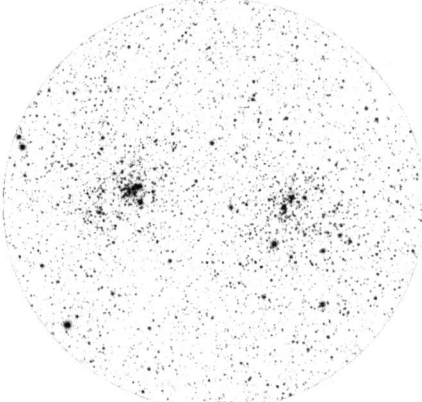

O Enxame Duplo ao telescópio

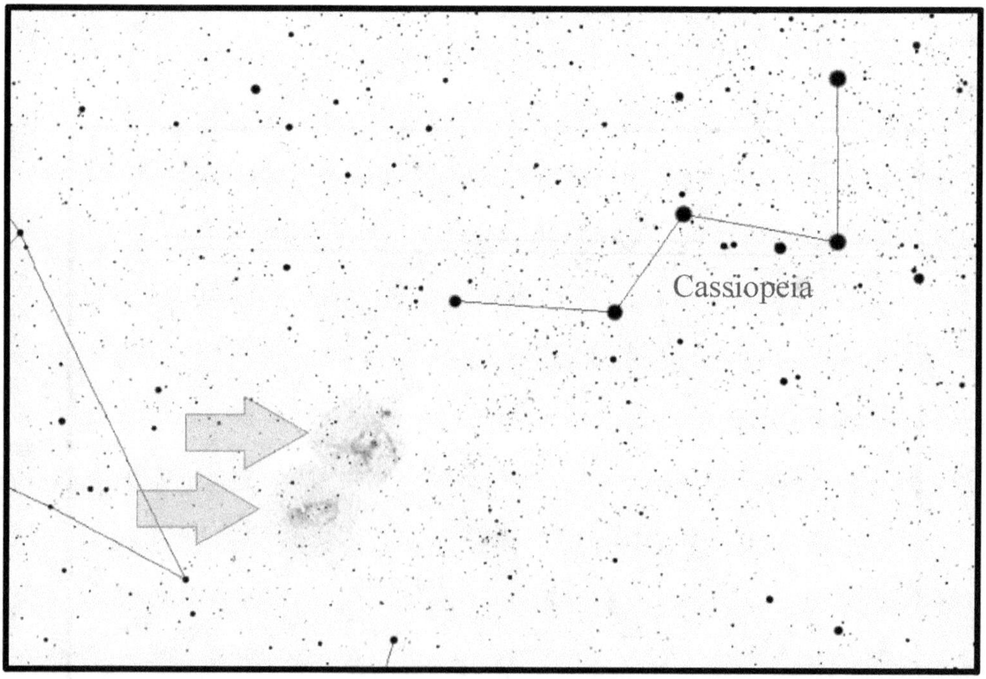

Dificuldade: 2 Supernovas.

Cassiopeia

36. Vega

Sim, o planeta de origem de Jodie Foster; não, estou só a brincar (os sinais de rádio extraterrestres no livro e filme *Contact* [*Contacto*] vinham de Vega).

Curiosamente, Vega era a Estrela Polar há cerca de 12 000 anos e vai voltar a sê-lo daqui a 12 000 anos. Isto deve-se ao movimento de precessão da Terra em torno do seu eixo.

A precessão é uma propriedade dos objetos em rotação. Pode ver a precessão diretamente em brinquedos giratórios, como um giroscópio ou um pião. Se tocar num giroscópio, ele vai apresentar precessão na forma de uma ligeira oscilação. No caso da Terra, a precessão deve-se essencialmente à influência gravitacional do Sol e da Lua.

Vega é a estrela mais brilhante na constelação Lira e é visível, alta no céu, no verão. Esta constelação também contém a Nebulosa do Anel (mostrada na próxima secção).

Dificuldade: 1 Supernova.

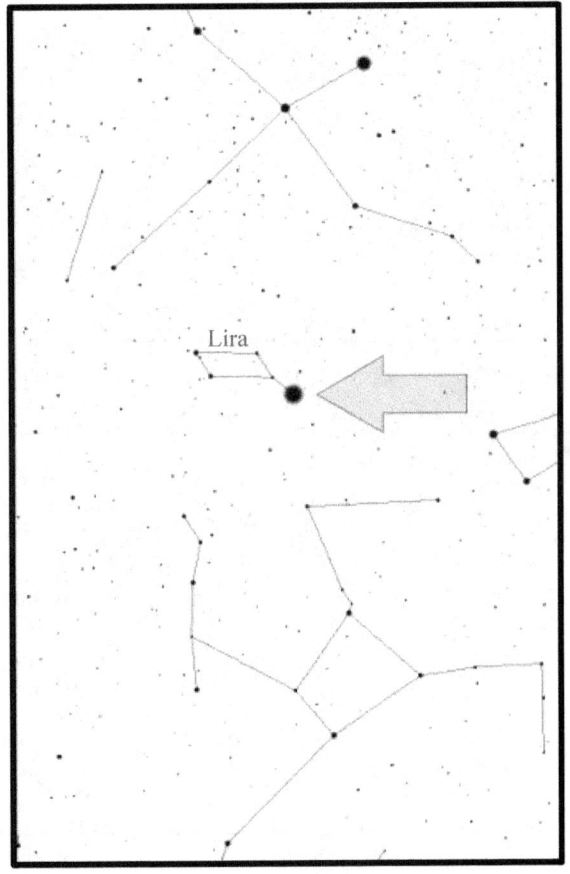

Lira

37. A Nebulosa do Anel

A Nebulosa do Anel tem o tamanho aproximado de Júpiter no seu telescópio, mas é muito menos brilhante. O desafio, num telescópio pequeno, é ver claramente o buraco no Anel. Para ver o centro da Nebulosa do Anel, vai precisar de um telescópio com uma lente ou espelho com pelo menos 10 cm de diâmetro.

Esta nebulosa formou-se quando uma estrela gigante vermelha perdeu a sua camada externa de gás ionizado, ficando apenas uma estrela anã branca onde antes estava a gigante vermelha.

Para encontrar a Nebulosa do Anel, passe com o telescópio entre as estrelas Sheliak e Sulafat na constelação Lira.

Dificuldade: 3 Supernovas.

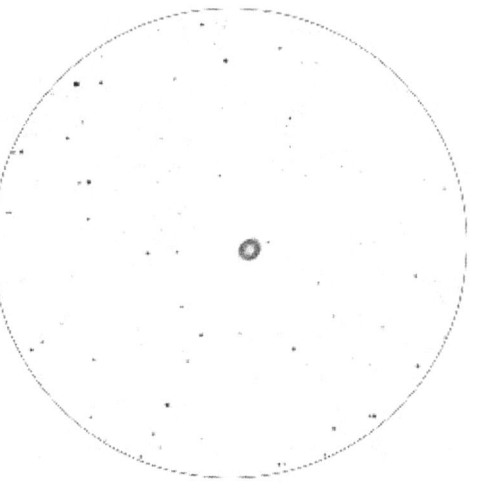

Nebulosa do Anel através do telescópio

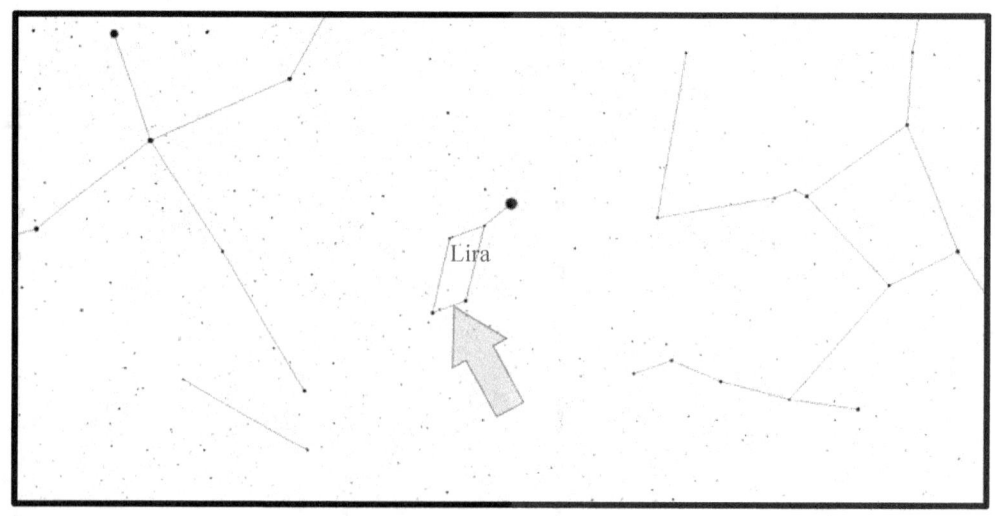

38. Meteoros, Meteoritos e Meteoróides!

Meteoros, meteoritos e meteoróides! Até eu confundo estes termos! Uma "estrela cadente" é um meteoro. Uma boa forma de lembrar-se disto é pensar que temos chuvas de meteoros, não chuvas de meteoritos. As rochas do espaço só são chamadas de meteoritos se atingirem o solo. Meteoróide é o termo usado para a rocha em si antes de entrar na atmosfera. Provavelmente nunca verá um meteoróide ao telescópio por causa do seu tamanho pequeno. Geralmente, se tiver um diâmetro maior do que alguns metros, será classificado como um asteróide.

Se observar estrelas com alguma frequência, vai ver muitos meteoros, garanto. Ainda na passada sexta-feira, eu estava a trabalhar com um grupo escolar em Walnut Creek, na Califórnia, quando um meteoro muito brilhante passou pela secção do céu que estávamos a observar. Viu-se o meteoro a fragmentar-se e desintegrar-se no espaço de alguns segundos.

Alguns meteoros são mais pequenos que uma bola de golfe! Você consegue vê-los porque eles movem-se a dezenas de quilómetros por segundo e, quando atingem a atmosfera, ardem muito intensamente.

Você até há-de ver meteoros pelo seu telescópio! Não dá para programar o avistamento de um meteoro, mas se passar suficiente tempo a olhar, é inevitável acabar por ver um meteoro a atravessar o seu campo de visão.

Dificuldade: 1 Supernova sem um telescópio, 3 Supernovas se tiver a sorte de ver um meteoro a atravessar o seu campo de visão no telescópio.

O autor a segurar um meteorito

39. Os Asteróides Ceres e Vesta

Talvez saiba que existe uma cintura de asteróides entre Marte e Júpiter, mas a maior parte das pessoas não tem noção da quantidade de espaço vazio que existe na cintura. Mesmo na cintura de asteróides, o espaço continua a ser muito, muito vazio. A massa de Ceres por si só constitui um terço da massa em toda a cintura de asteróides. E a massa combinada de todos os asteróides constitui menos de 4% da massa da nossa Lua!

Em 2006, a União Astronómica Internacional reclassificou Ceres como um planeta anão (tal como Plutão). Vesta, com uma massa menor, foi classificado como um protoplaneta. Mas ambos os objetos são pequenos e estão longe o suficiente para parecerem estrelas no seu telescópio. Ceres e Vesta até podem ser vistos sem um telescópio em céus muito escuros.

Vesta fotografado pela sonda espacial Dawn

Para ver Ceres ou Vesta, use programas de astronomia tal como faria para um planeta. Quando souber a localização do asteróide, note a posição das estrelas envolventes e aponte o telescópio nessa direção. Se não souber bem qual dos pontos de luz é o asteróide, registe a localização das estrelas mais brilhantes naquela área. Quando observar aquela área novamente dias depois, vai identificar o asteróide como o objeto que mudou de posição.

Dificuldade: 4 Supernovas.

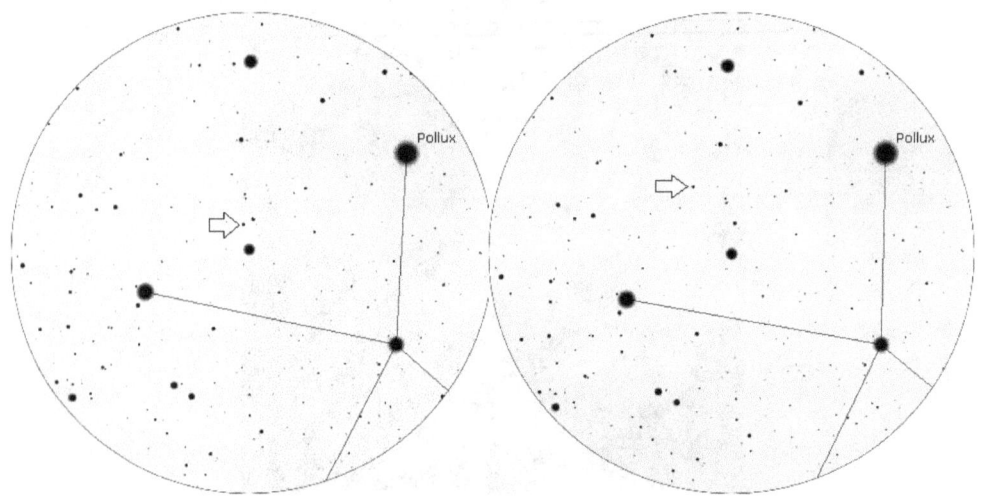

Vesta a mover-se de uma noite para outra

40. A Galáxia do Redemoinho (M51)

A Galáxia do Redemoinho, ou M51, é fácil de ver com um pequeno telescópio ou mesmo binóculos, mas só em noites sem lua e longe das luzes da cidade. Esta galáxia tem uma galáxia companheira mais pequena, designada de NCG 51951 ou M51b. Pensa-se que a interação gravitacional entre as duas galáxias seja a causa da forma em espiral bem definida da galáxia do Redemoinho.

Os astrónomos têm notado que a maioria das grandes galáxias tem um enorme buraco negro no centro e as observações da M51 pelo telescópio Hubble revelam um distinto padrão em forma de X em redor do centro da galáxia. Uma barra do X provavelmente corresponde a poeira em torno do buraco negro. Outra barra do X poderá ser poeira a interagir com um cone de partículas ionizadas. São precisas mais observações para que os astrónomos cheguem a um consenso científico.

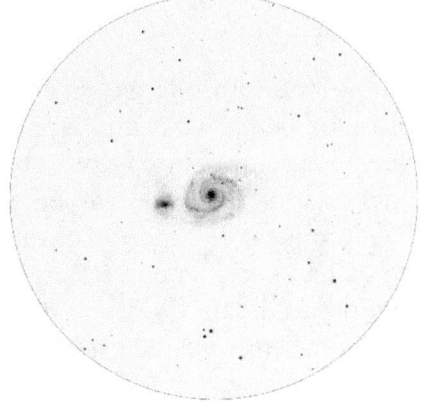

Também foram observadas supernovas nesta galáxia em 1994, 2005 e 2011.

Para ver a galáxia do Redemoinho, imagine um triângulo retângulo na cauda da Ursa Maior, como se vê abaixo.

Dificuldade: 4 Supernovas.

Galáxia do Redemoinho vista ao telescópio

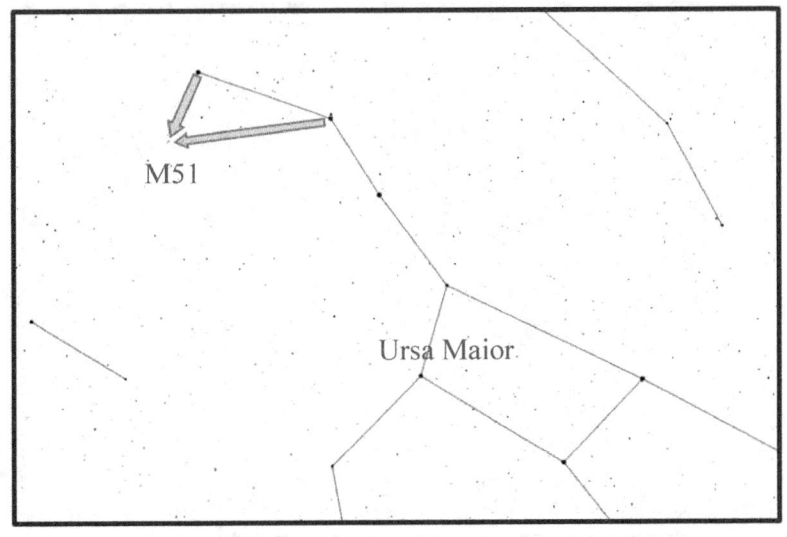

41. Objetos do Céu Profundo em Sagitário

Mesmo enquanto astrónomo amador, não costumo observar toda a constelação Sagitário. Felizmente, existe um asterismo (constelação não oficial) chamado de Bule de Chá, que eu considero ser Sagitário (veja a imagem).

Sagitário é uma ótima zona para procurar objetos do espaço profundo (objetos fora do nosso sistema solar) porque está na direção do centro da Via Láctea. É uma ótima região para explorar livremente, sem nenhum mapa, porque é bem provável que encontre algum objeto interessante sem ter que consultar mapas estelares.

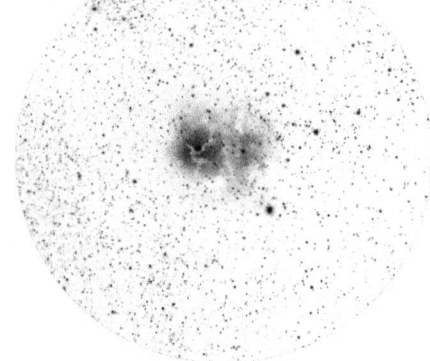

Perto do Bule de Chá, talvez encontre a Nebulosa da Lagoa, a Nebulosa Ómega e a Nebulosa Trífida.

Para ver tudo o que existe em Sagitário, use uma ocular sem muita ampliação, já que a maior parte dos objetos que encontrar serão relativamente grandes. Explore a parte superior direita do Bule do Chá para encontrar nebulosas e explore o resto do Bule de Chá para encontrar enxames de estrelas.

Nebulosa Trífida vista ao telescópio

Dificuldade: 3 Supernovas.

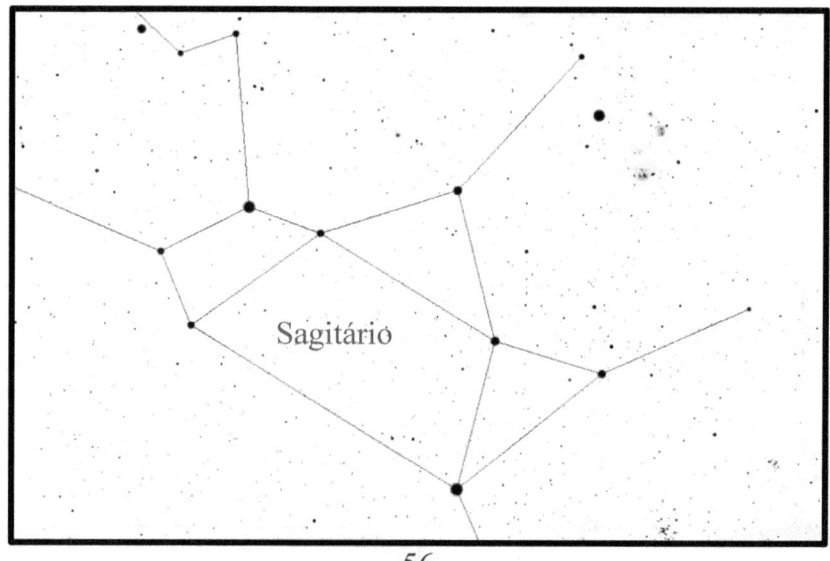

42. M81 e M82

A seguir a Andrómeda, as galáxias M81 e M82 são as mais fáceis de encontrar. A M82 é frequentemente chamada de Galáxia do Charuto devido ao seu aspeto quando vista da Terra. A M81 pode ser chamada de Galáxia de Bode, mas este não é um termo que eu ouça muito.

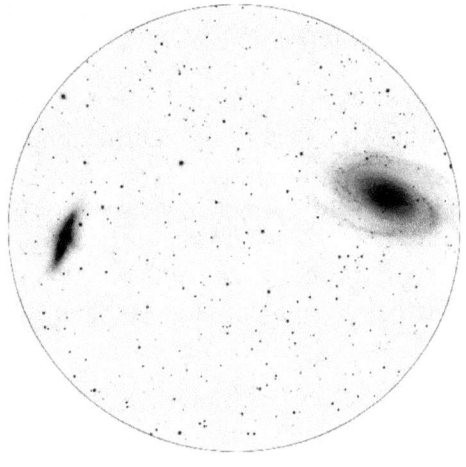

A M81 é particularmente interessante para astrónomos profissionais porque tem no seu centro um buraco negro gigantesco com uma massa 70 milhões de vezes superior à do nosso Sol!

Para ver estas galáxias, use uma ocular com ampliação baixa. Usando a Ursa Maior como guia, crie uma linha entre o canto inferior esquerdo do quadrado da Ursa Maior e o canto superior direito. Depois, estenda esta linha para chegar à região onde se encontram estas galáxias.

M81 e M82 vistas ao telescópio

Dificuldade: 4 Supernovas.

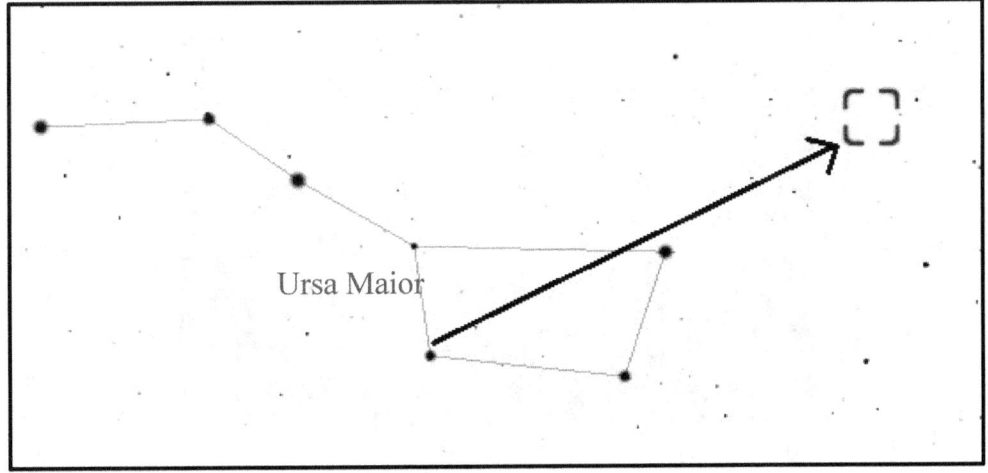

43. Urano

Para o público em geral, o que Urano tem de mais interessante é o seu nome. Embora a maior parte das pronúncias sejam aceites hoje em dia (até mesmo as engraçadas), a pronúncia preferível é "ú-râ-no". Pode soar engraçado, mas o nome tem muita lógica. Saturno é o pai de Júpiter e Urano é o pai de Saturno.

Como Urano está muito longe do Sol, ele vai se manter aproximadamente na mesma região do céu ao longo de toda a nossa vida. No século XXI, a melhor altura para observá-lo é no início do outono.

Para encontrar Urano, consulte primeiro uma aplicação de astronomia para saber a localização exata. Use uma ocular com baixa ampliação para o primeiro avistamento e depois passe para uma ocular com maior ampliação para ver o planeta com melhor resolução e perceber melhor a sua cor.

Dificuldade: 4 Supernovas.

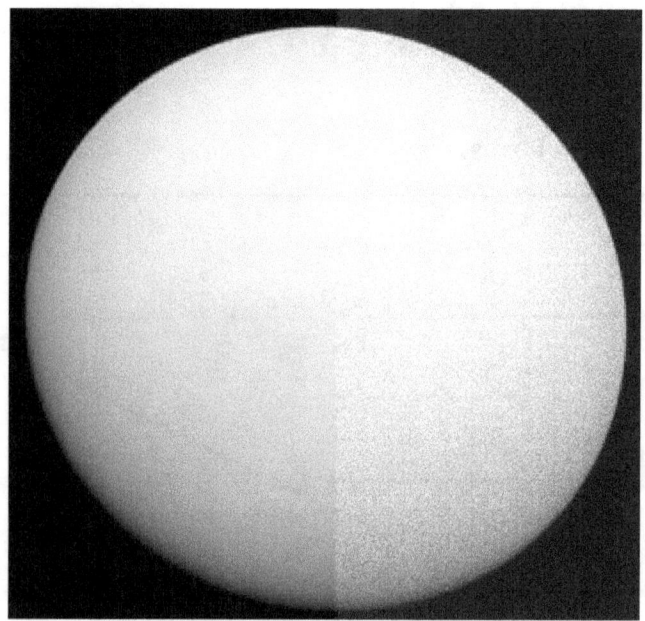

Imagem de Urano obtida pela sonda espacial Voyager 2

44. Neptuno

Agora que Plutão foi despromovido para "planeta anão" pela União Astronómica, Neptuno é o planeta mais distante do Sol (no nosso sistema solar). Tal como é o caso para os outros planetas no sistema solar, exceto a Terra, este planeta recebeu o nome de um deus romano, neste caso, o deus dos mares.

Neptuno brilha muito pouco, sendo um dos objetos com menos brilho neste livro. No entanto, como é azul, dá para distingui-lo entre as estrelas. Tal como para Urano, use uma ocular sem muita ampliação para encontrar o planeta. Depois, passe para uma ocular com uma ampliação maior para observá-lo melhor. Note que apenas os telescópios com um diâmetro de abertura igual ou superior a 153mm é que permitirão visualizar Neptuno enquanto disco. Em telescópios mais pequenos, o planeta vai aparecer apenas como um ponto de luz.

Dificuldade: 4 Supernovas.

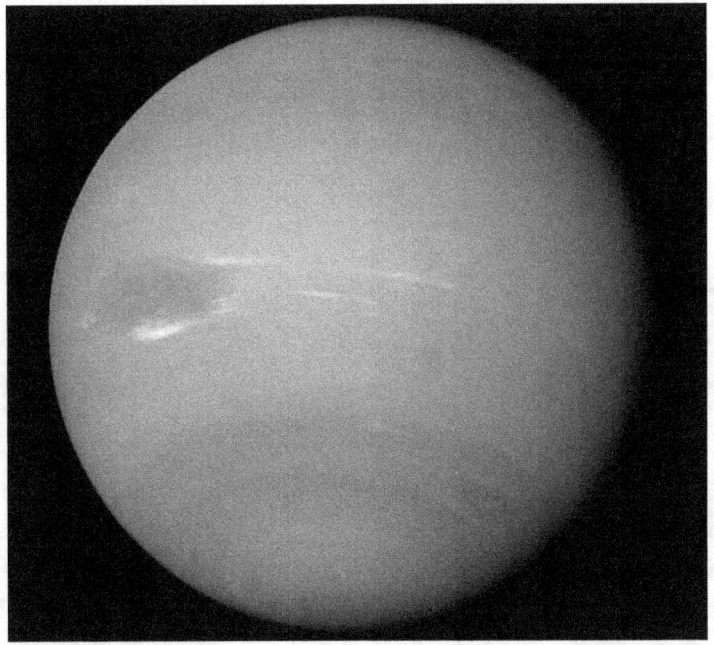

Imagem de Neptuno obtida pela sonda espacial Voyager 2

45. Mercúrio

Como Mercúrio está muito próximo do Sol, pode ser extremamente difícil observar este planeta como deve ser. Poderá ser visível no céu noturno apenas durante alguns dias por ano. Tal como acontece com Vénus, Mercúrio é visível em fases. Estas fases têm um grande efeito sobre o seu brilho. Quando Mercúrio é visível, só o é por muito pouco tempo logo antes do nascer do Sol e pouco após o pôr do Sol.

Para saber qual a melhor altura para observar Mercúrio, use programas de astronomia como o Stellarium e clique em Mercúrio para depois bloqueá-lo (carregue na tecla de espaço). De seguida, avance o tempo no programa até que Mercúrio esteja acima do horizonte depois do pôr do Sol. Ou então, fique atento aos *sites* de astronomia, caso publiquem alguma notificação.

Quando observar Mercúrio através do seu telescópio, o planeta poderá parecer-lhe extremamente brilhante e até cintilar como se estivesse a arder. O seu brilho aparente deve-se à sua proximidade com o Sol, mas a cintilação resulta da sua proximidade com o horizonte. Quando observa objetos que estejam numa posição baixa no céu, existe mais atmosfera ao longo da linha de observação do que quando os objetos estão mais altos. É a distorção atmosférica que faz os objetos cintilar.

Dificuldade: 4 Supernovas.

Mercúrio fotografado pela sonda espacial Messenger

Mercúrio visto ao telescópio

46. Ocultação de uma Estrela pela Lua

As ocultações ocorrem quando um objeto fica atrás de outro no espaço, de forma semelhante a um eclipse. As ocultações mais comuns ocorrem quando a Lua passa em frente a uma estrela brilhante.

Ocultações rasantes tendem a ser as mais interessantes. Elas acontecem quando uma estrela parece rasar a superfície da Lua quando vista da localização onde você está. Durante uma ocultação rasante, não é incomum a estrela parecer piscar, à medida que aparece e desaparece ao passar por entre as cadeias montanhosas ou vales na superfície lunar.

Esta é uma ótima oportunidade para usar a funcionalidade de tempo da sua aplicação astronómica. Para saber quando vai ocorrer uma ocultação (sem consultar revistas ou *sites* de astronomia), basta abrir o seu programa de astronomia e selecionar a Lua.

Depois de selecionar a Lua, ela deve ficar bloqueada no centro do seu ecrã (tente carregar na tecla de espaço se estiver a usar o Stellarium). Depois, usando a funcionalidade de tempo, comece a avançar as horas para o futuro. Deverá ver as estrelas a moverem-se rapidamente no fundo, enquanto a Lua se mantém no mesmo lugar. Poderá ter de avançar algumas semanas antes de ver a Lua a ocultar uma estrela brilhante. Quando encontrar, marque no seu calendário e agende um lembrete uns 30 minutos antes da ocultação.

Dificuldade: 4 Supernovas.

47. Ocultação de um Planeta pela Lua

Mais uma vez, uma ocultação dá-se sempre que dois objetos se alinham de forma a que um cubra o outro na perspetiva do observador. Por exemplo, se Saturno passar por trás da Lua, você diria que "Saturno foi ocultado pela Lua" (quase soa a algo criminoso).

Para encontrar uma ocultação planetária, aplique o mesmo método que é usado para as ocultações de estrelas. Após selecionar a Lua no seu programa de astronomia, avance até alguns dias, semanas ou meses no futuro, até ver a Lua passar diretamente em frente a um planeta. Então, agende um lembrete e espere até o evento acontecer.

Fotografar estes eventos com um *smartphone* é difícil, mas não é impossível. Para tirar uma fotografia com o seu *smartphone*, alinhe a câmara com a ocular e toque levemente na imagem da Lua. Isto deverá levar ao ajuste do foco e da exposição. Depois, tire a fotografia! Se conseguir uma boa fotografia, publique-a de imediato em www.spaceweather.com. Ao publicá-la neste *site*, é possível que a sua fotografia apareça na CNN ou em outros canais de notícias importantes!

Dificuldade: 4 Supernovas.

48. A Nebulosa do Caranguejo (M1)

Aconteceu algo de especial a 4 de Julho de 1054. Não, não foi uma celebração do Dia da Independência Americana, isso não faria sentido algum. Nesse dia, astrónomos chineses registaram o que achavam ser uma nova estrela, mais brilhante que Vénus! No entanto, após algumas semanas, a nova estrela perdeu brilho, mas continuou visível por quase dois anos, sendo que, depois disso, quase se perdeu para sempre.

A história poderia ter acabado aí, mas, em 1731, quase 700 anos mais tarde, um astrónomo britânico chamado John Bevis observou uma "mancha" naquela mesma região. Depois, quase três décadas mais tarde, um caçador de cometas francês chamado Charles Messier adicionou essa mancha ao seu (agora infame) catálogo de objetos que "definitivamente não são cometas". Messier designou-a como o objeto M1. Por outras palavras, a mancha foi o item nº1 na sua lista de "não-cometas".

Atualmente, sabemos que a Nebulosa do Caranguejo é o que resta de uma supernova. Os chineses observaram a supernova em si, a violenta explosão de uma estrela. Hoje, quando você olha através do seu telescópio, você está a observar a continuação de uma explosão de gases e poeiras em movimento pelo espaço a quase 5 milhões de quilómetros por hora.

Para encontrar esta nebulosa, explore a área acima da cabeça de Órion.

Dificuldade: 3 Supernovas.

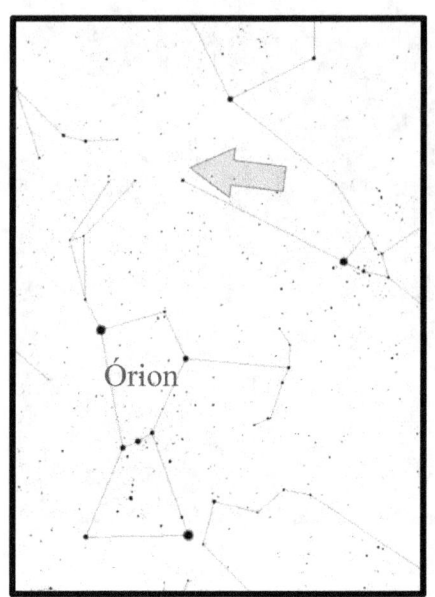

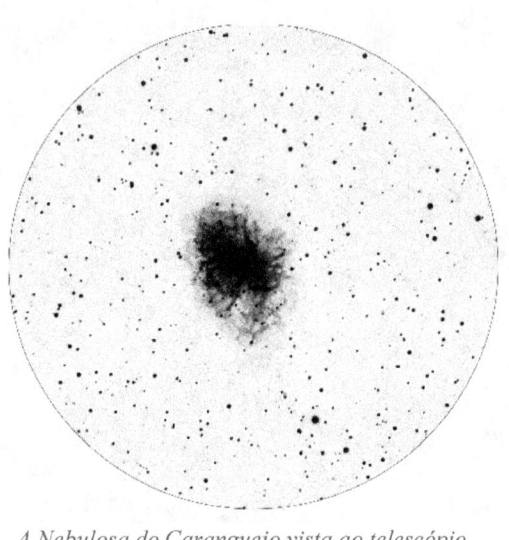

A Nebulosa do Caranguejo vista ao telescópio

49. Reflexões dos Satélites Iridium

Um satélite normal em órbita, quando visto da Terra, tem uma luminosidade semelhante ao de uma estrela com pouco brilho. Os satélites são muitas vezes observados em movimento rápido através do céu pouco após o pôr do Sol ou pouco antes do nascer do Sol. No entanto, se se tratar de um satélite da empresa Iridium Communications, com múltiplas antenas planas e brilhantes, então talvez seja o seu dia de sorte!

A forma mais fácil de observar as reflexões dos satélites da Iridium Communications é descarregando uma aplicação de telemóvel como o Sputnik: http://sputnikapp.info. A aplicação cria uma previsão para a sua localização e envia-lhe alertas quando uma reflexão estiver prestes a acontecer.

Você não precisa de um telescópio para ver estas reflexões, mas pode ser divertido usar um na mesma. Além disso, observar objetos em movimento no espaço é uma boa forma de praticar para quando quiser observar alguma coisa mais desafiadora, como um asteróide próximo da Terra ou a Estação Espacial Internacional.

Dificuldade: 3 Supernovas.

Reflexão de um satélite Iridium sobre San Francisco. Imagem do autor.

50. Supernovas

Se estiver a observar Andrómeda (ou outra galáxia, se conseguir vê-la) e notar que ela tem uma nova "estrela", é possível que tenha detetado uma supernova! As supernovas surgem quando uma estrela explode e liberta energia suficiente para brilhar mais que uma galáxia inteira.

As buscas por supernovas podem estar, sem dúvida, dentro do domínio da astronomia amadora. No entanto, os métodos usados mereceriam um livro muito maior do que este. Resumidamente, quando uma estrela passa a supernova, dá-se a libertação de partículas chamadas neutrinos horas antes da explosão. Estes neutrinos são detetados por instrumentos em toda a Terra, que dão uma localização aproximada da futura supernova. É enviada uma mensagem através da Internet para membros da comunidade astronómica e a caça começa! Se você for a única pessoa a observar a supernova, o seu nome vai aparecer nas notícias.

Por outro lado, se a supernova já tiver sido descoberta, você pode descobrir a localização dessa nova supernova em *sites* como http://www.skyandtelescope.com e tentar vê-la com os seus próprios olhos!

Dificuldade: 5 Supernovas.

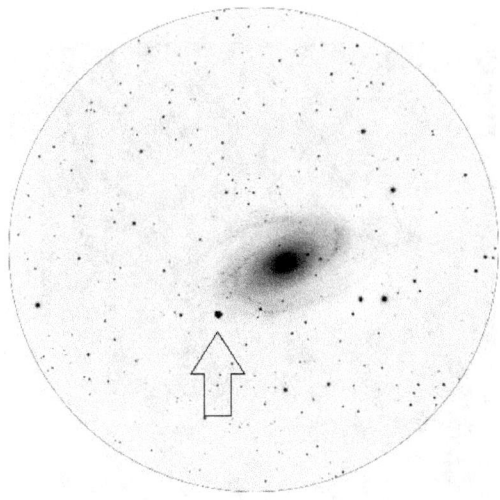

Uma supernova vista através do telescópio

Item 51 OVNIs

Todos os anos, há dezenas de milhares de registos de avistamentos de OVNIs. Os registos são geralmente feitos por pessoas que não estão habituadas a observar o céu ou que, ao reverem as filmagens nas suas câmaras, vêem algo que não compreendem.

Geralmente, os avistamentos de OVNIs podem ser explicados como sendo ilusões de óptica comuns ou anomalias do próprio equipamento de filmagem. Mas não deixa de ser empolgante observar algo que não compreendemos. Muitas pessoas nos Estados Unidos vivem perto de bases militares e vêem com frequência coisas no céu que não fazem sentido.

Eu vi o meu primeiro "OVNI" quando era miúdo e estava a fazer distribuição de jornais. Eu estava em pé junto ao campo de um agricultor às 5 da manhã quando uma luz intensa se elevou no céu, vinda de trás de uma colina distante. Eu parei e fiquei a ver a luz a aumentar até se tornar quase cegante. A luz continuou ali por mais cinco minutos, a mover-se para a frente e para trás no céu. Depois, o OVNI (um avião Dash 8 Série 100) voou por cima de mim, com a sua luz dianteira agora apontada noutra direção.

Dificuldade: 0 Supernovas para uma anomalia da câmara e 6 Supernovas se for raptado por extraterrestres.

Uma anomalia na própria câmara

Conclusão

Espero que todos vocês tenham gostado desta viagem ao longo de *50 Coisas para Ver com um Pequeno Telescópio!* Se gostaria de continuar com este passatempo, eu recomendo fortemente que se junte a um clube de astronomia na sua zona. Uma lista de clubes deste tipo nos Estados Unidos pode ser encontrada aqui:

http://nightsky.jpl.nasa.gov/club-map.cfm

Se gosta de ficção, dê uma vista de olhos no meu *thriller* de ficção científica, *The Martian Conspiracy.*

"Um livro de ficção científica 'dura' com *sombras* de *Red Mars*, de Kim Stanley Robinson, embora com um ritmo muito mais intenso. Se, tal como eu, você sonha com viver em Marte, deve ler este livro."

-Graeme Shimmin, Autor de: *A Kill in the Morning*

Apêndice 1: Eclipses Solares 2016 - 2021

Tipo	Data	Hora do máximo do eclipse (UTC)	Localização
Total	9 de março de 2016	1:58:19	**Total:** Indonésia, Micronésia, Ilhas Marshall **Parcial:** Sudeste da Ásia, Coreia, Japão, leste da Rússia, Alasca, noroeste da Austrália, Havai, Pacífico
Anular	1 de setembro de 2016	9:08:02	**Anular:** Atlântico, África Central, Madagascar, Índia **Parcial:** África, Oceano Índico
Anular	26 de fevereiro de 2017	14:54:33	**Anular:** Sul do Chile e da Argentina, Angola, sul da República Democrática do Congo **Parcial:** Sul e oeste de África, sul da América do Sul, Antártida
Total	21 de agosto de 2017	18:26:40	**Total:** Oregon, Idaho, Wyoming, Nebraska, nordeste do Kansas, Missouri, sul do Illinois, oeste de Kentucky, Tennessee, sudoeste da Carolina do Norte, nordeste da Geórgia, Carolina do Sul **Parcial:** América do Norte, Havai, Gronelândia, Islândia, Ilhas Britânicas, Portugal, América Central, Caribe, norte da América do Sul, Península de Chukchi
Parcial	15 de fevereiro de 2018	20:52:33	**Parcial:** Antártida, América do Sul
Parcial	13 de julho de 2018	3:02:16	**Parcial:** Sul da Austrália, Tasmânia, Victoria, Oceano Índico, Budd Coast (este da Antártida)
Parcial	11 de agosto de 2018	9:47:28	**Parcial:** Nordeste do Canadá, Gronelândia, Islândia, Oceano Ártico, Escandinávia, norte da Rússia, Ilhas Britânicas, norte da Ásia
Parcial	6 de janeiro de 2019	1:42:38	**Parcial:** Nordeste da Ásia, sudoeste do Alasca, Ilhas Aleutas
Total	2 de julho de 2019	19:24:08	**Total:** Centro da Argentina e Chile, arquipélago de Tuamotu **Parcial:** América do Sul, ilha da Páscoa, Ilhas Galápagos, sul da América Central, Polinésia
Anular	26 de dezembro de 2019	5:18:53	**Anular:** nordeste da Arábia Saudita, Bahrein, Qatar, Emirados Árabes Unidos, Omã, Laquedivas, sul da Índia, Sri Lanka, Sumatra do Norte, sul da Malásia, Singapura, Bornéu, central Indonésia, Palau, Micronésia, Guam **Parcial:** Ásia, Melanésia ocidental, noroeste da Austrália, Médio Oriente, África Oriental
Anular	21 de junho de 2020	6:41:15	**Anular:** República Democrática do Congo, Sudão, Etiópia, Eritreia, Iémen, deserto de Rub' al-Khali, Omã, sul do Paquistão, norte da Índia, Nova Deli, Tibete, sul da China, Chongqing, Taiwan **Parcial:** Ásia, sudeste da Europa, África, Médio Oriente, oeste da Melanésia, Austrália Ocidental, território do Norte, Península do Cabo York
Total	14 de dezembro de 2020	16:14:39	**Total:** Sul do Chile, Kiribati, Polinésia **Parcial:** América Central e do Sul, sudoeste da África, Península Antártica, Terra de Ellsworth, oeste da Terra da Rainha Maud
Anular	10 de junho de 2021	10:43:07	**Anular:** Norte do Canadá, Gronelândia, Rússia **Parcial:** Norte da América do Norte, Europa, Ásia
Total	4 de dezembro de 2021	7:34:38	**Total:** Antártida **Parcial:** África do Sul, Atlântico Sul

Apêndice 2: Eclipses Solares 2021 - 2030

Tipo	Data	Hora do máximo do eclipse (UTC)	Localização
Parcial	30 de abril de 2022	20:42:36	**Parcial:** Sudeste do Pacífico, sul da América do Sul
Parcial	25 de outubro de 2022	11:01:20	**Parcial:** Europa, nordeste da África, Médio Oriente, oeste da Ásia
Híbrido	20 de abril de 2023	4:17:56	**Híbrido:** Indonésia, Austrália, Papua-Nova Guiné **Parcial:** Sudeste da Ásia, Índias Orientais, Filipinas, Nova Zelândia
Anular	14 de outubro de 2023	18:00:41	**Anular:** Oeste dos Estados Unidos, América Central, Colômbia, Brasil **Parcial:** América do Norte, América Central, América do Sul
Total	8 de abril de 2024	18:18:29	**Total:** México, centro dos Estados Unidos, leste do Canadá **Parcial:** América do Norte, América Central
Anular	2 de outubro de 2024	18:46:13	**Anular:** Sul do Chile, sul da Argentina **Parcial:** Pacífico, América do Sul
Parcial	29 de março de 2025	10:48:36	**Parcial:** Noroeste de África, Europa, norte da Rússia
Parcial	21 de setembro de 2025	19:43:04	**Parcial:** Sul do Pacífico, Nova Zelândia, Antártida
Anular	17 de fevereiro de 2026	12:13:06	**Anular:** Antártida **Parcial:** Sul da Argentina e do Chile, África, Antártida
Total	12 de agosto de 2026	17:47:06	**Total:** Ártico, Gronelândia, Islândia, Espanha, nordeste de Portugal **Parcial:** Norte da América do Norte, África Ocidental, Europa
Anular	6 de fevereiro de 2027	16:00:48	**Anular:** Chile, Argentina, Atlântico **Parcial:** América do Sul, Antártida, oeste e sul de África
Total	2 de agosto de 2027	10:07:50	**Total:** Marrocos, Espanha, Argélia, Líbia, Egito, Arábia Saudita, Iémen, Somália **Parcial:** África, Europa, Médio Oriente, oeste e sul da Ásia
Anular	26 de janeiro de 2028	15:08:59	**Anular:** Equador, Peru, Brasil, Suriname, Espanha, Portugal **Parcial:** Leste da América do Norte, América Central e do Sul, Europa Ocidental, noroeste de África
Total	22 de julho de 2028	2:56:40	**Total:** Austrália, Nova Zelândia **Parcial:** Sudeste da Ásia, Índias Orientais
Parcial	14 de janeiro de 2029	17:13:48	**Parcial:** América do Norte, América Central
Parcial	12 de junho de 2029	4:06:13	**Parcial:** Ártico, Escandinávia, Alasca, norte da Ásia, norte do Canadá
Parcial	11 de julho de 2029	15:37:19	**Parcial:** Sul do Chile e da Argentina
Parcial	5 de dezembro de 2029	15:03:58	**Parcial:** Sul da Argentina e do Chile, Antártida
Anular	1 de junho de 2030	6:29:13	**Anular:** Argélia, Tunísia, Grécia, Turquia, Rússia, norte da China, Japão **Parcial:** Europa, norte de África, Médio Oriente, Ásia, Ártico, Alasca
Total	25 de novembro de 2030	6:51:37	**Total:** Botswana, África do Sul, Austrália **Partial:** África do Sul, sul do Oceano Índico, Índias Orientais, Austrália, Antártida

Apêndice 3: Mapa de Verão das Constelações para o Hemisfério Norte*

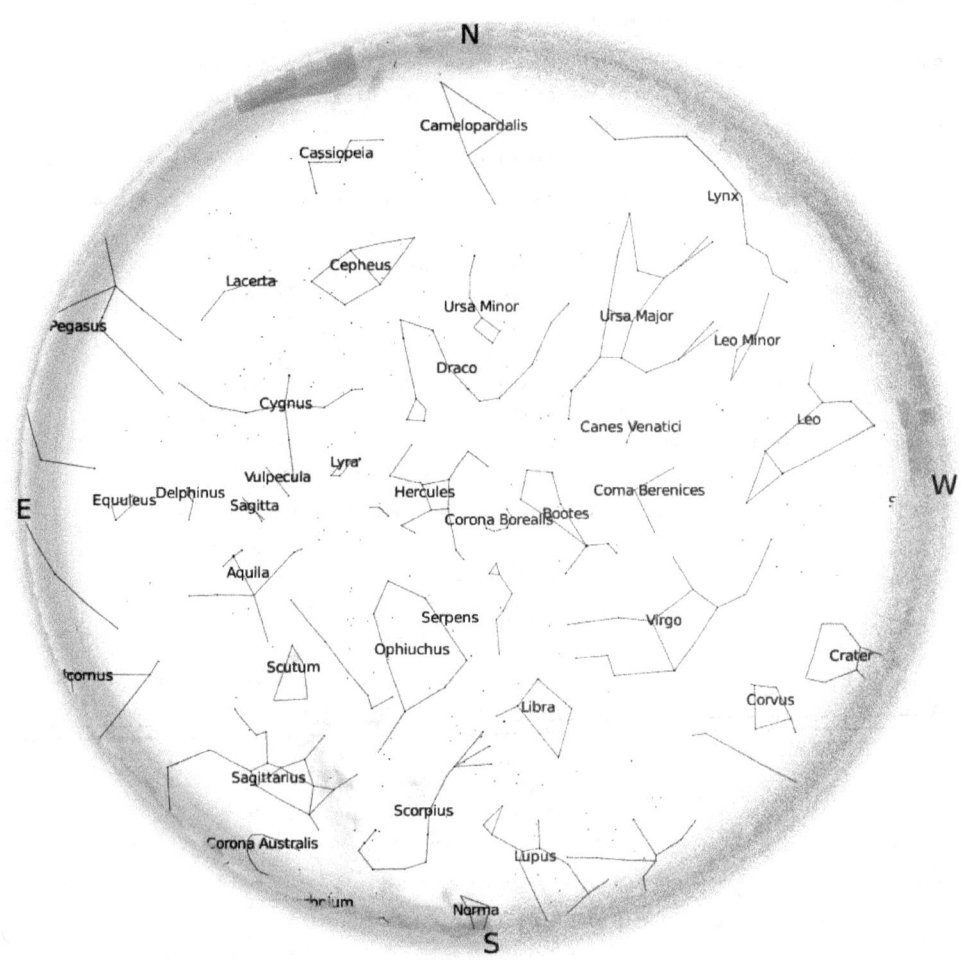

*Latitude de 37 graus.

Apêndice 4: Mapa de Inverno das Constelações para o Hemisfério Norte*

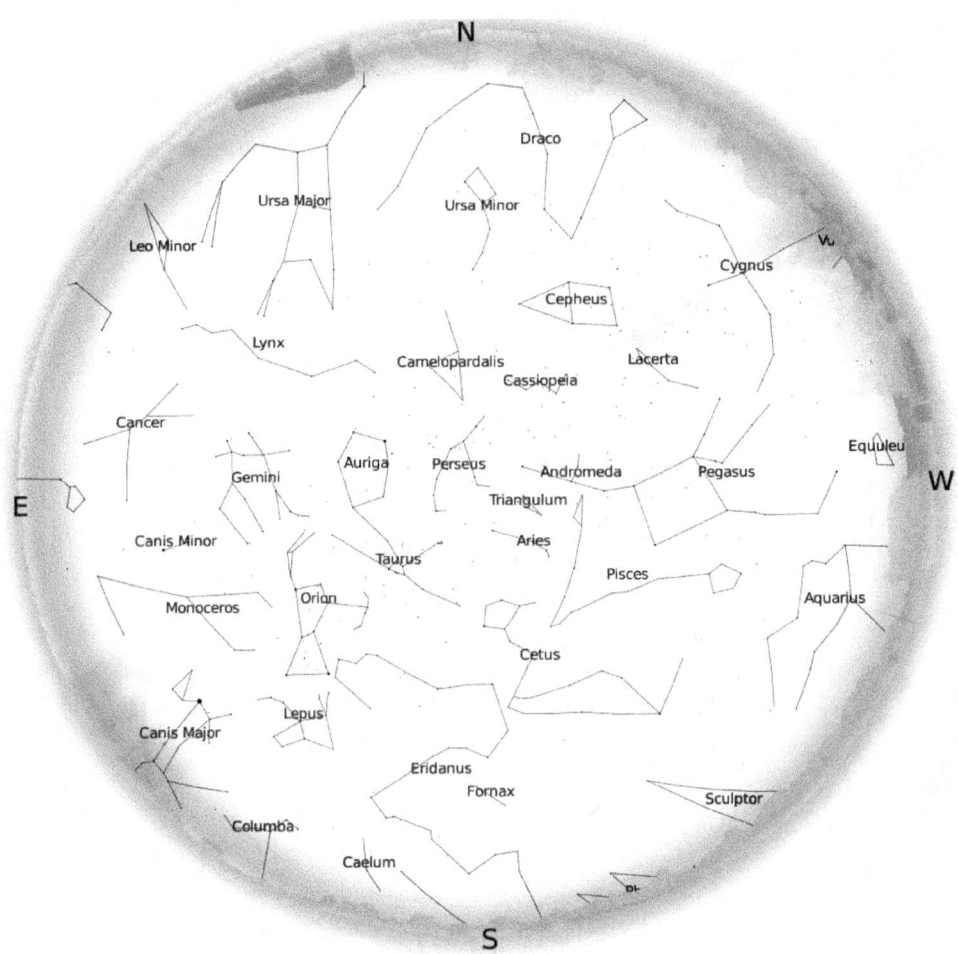

*Latitude de 37 graus